人气品牌包包钩编1

BEYOND THE REEF 的包包世界

〔日〕BEYOND THE REEF 著

如鱼得水 译

河南科学技术出版社
· 郑州 ·

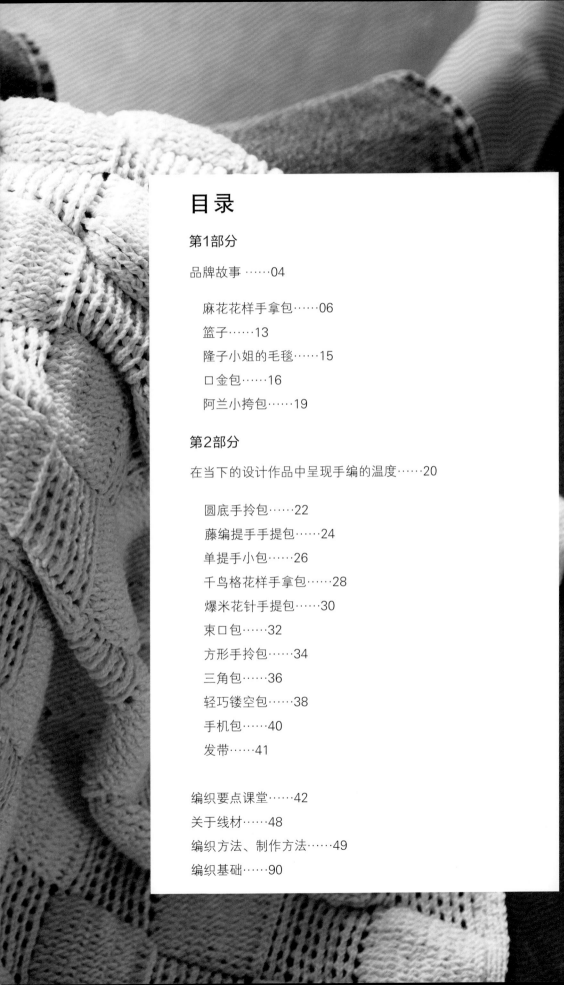

目录

第1部分

品牌故事

希望能再次让热爱编织的婆婆，感受到生活的喜悦。这就是BEYOND THE REEF品牌成立的初衷。

与婆婆相亲相爱的公公去世了，孩子也成家立业了。婆婆作为全职太太，每天的生活都是一边看电视一边编织。然后，把织好的作品作为礼物送给亲友。

那些蕾丝编织的作品纤细、优美，还是从前的款式、设计，看着它们感觉时间仿佛静止了一般。

于是，我忽然想，

是不是可以在婆婆编织的东西中，融入当下年轻人喜欢的设计呢？

这样，她所花费的大量的时间和精力，就产生了新的价值，

或许也可以产生一种能让那些和婆婆有同样爱好和技能的老太太们重新感受到生存的价值和喜悦的新工作。

带着这样的想法，我决定成立一个可以充分利用老太太们的编织技艺的时尚品牌。

这是2014年春季的事情。

这就是我们BEYOND THE REEF品牌的开始。

— 制作方法 → **p.51**

a

b

c

麻花花样手拿包 / 这是最先完成的作品，也可以说是我们品牌的招牌。把非常有棒针特色的麻花针运用在手拿包上。用品牌的标记——小海星装饰，是一个亮点。内袋紧紧地粘贴着厚厚的黏合衬，包型稳固。

2014年夏天，品牌刚成立时只有"手拿包"这一款设计。

当时只是纯粹被棒针特有的麻花针吸引，觉得这种蓬松的花样运用到包包上应该也很可爱。

这样，就算是对编织没有兴趣的年轻女性，也可以把它当作手头的时尚工具使用，就可以借此传递编织的魅力。

对于负责编织的老太太们来说，只要把自身的编织技艺稍微打磨一下，就可以很轻松地胜任。

无论是编织的人，还是使用的人，都可以从中获得幸福感。我开始想设计这样的东西。

线材 / Ski毛线 Olympic 纯羊毛 极粗

BEYOND THE REEF的包包，是奶奶和妈妈手工编织的。

花甲之年的老人，也可以通过做自己喜欢、擅长的事情，继续为社会做贡献。如此，我们的未来，一定更加美好。

每天围着孩子转的母亲，找到了属于自己的时间，通过参与社会活动，从而获得小小的心灵自由，真好。

我们相信，可以由此发现身为一个人本身，不是身为妻子，也不是身为母亲的存在价值，从中感受到"自己是世界上重要的存在"，从而找到生活的新动力。

这里介绍的是BEYOND THE REEF的春夏新作。

使用的是非常清爽的麻线和和纸。为了使包包更加结实、耐用，通常取2~3根线紧密地编织。编织方法以短针为主，非常简单，不涉及精巧、复杂的编织方法。

一切是从客人的角度出发的。

客人买东西时，考虑的不是编织技巧是否复杂、高超，而是更注重款式和设计。进一步来说，手编，只是一种附加价值。BEYOND THE REEF的包包，大小都很实用，而且结实得不像手工编织。最吸引人的是，它们的款式都紧跟当下的潮流。

其中，最受人欢迎的是右上角的麻线系列。多年以来，它一直是招牌产品，最重要的原因就是它超级结实，而且款式独特，令人不由得心生喜爱。它是一款不怕雨淋、造型稳固、兼具实用性和设计感的手编包。

一 制作方法 ⌐ **p.54**

线材/Ski毛线 Olympic 纯羊毛 极粗

篮子 / 夏天的篮子 + 冬天的毛线。特意将反差特别大的东西组合在一起，不拘泥于季节、场所，自由发挥创意。蜂窝花样和麻花针是非常有魅力的棒针花样，一边改变棒针的号数，一边结合篮子的尺寸来编织。

— 制作方法 ↗ **p.58**

线材/Ski毛线 柔软婴儿棉

隆子小姐的毛毯 / 用柔软的棉线编织棋盘格花样。BEYOND THE REEF 成员里的老大姐隆子设计了这款既可以用作婴儿包被，也可以当作午睡盖毯的毛毯，它的透气性也非常好。这是工作室的人气作品。

一 制作方法 ⟶ p.59

口金包 / 各种钩针编织花样，带着金属光泽的丝带，一起组成这款口金包。麻线 + 棉线，或者麻线 + 毛线，使用 2 种不同材质的线进行合股编织，不仅加强了包包的韧性，而且不同的线材还让设计更出彩，给包包带来了立体感。

线材/ DMC Natura XL、DARUMA GIMA

ー 制作方法 ⟶ p.62

a

b

线材/ DMC Natura XL

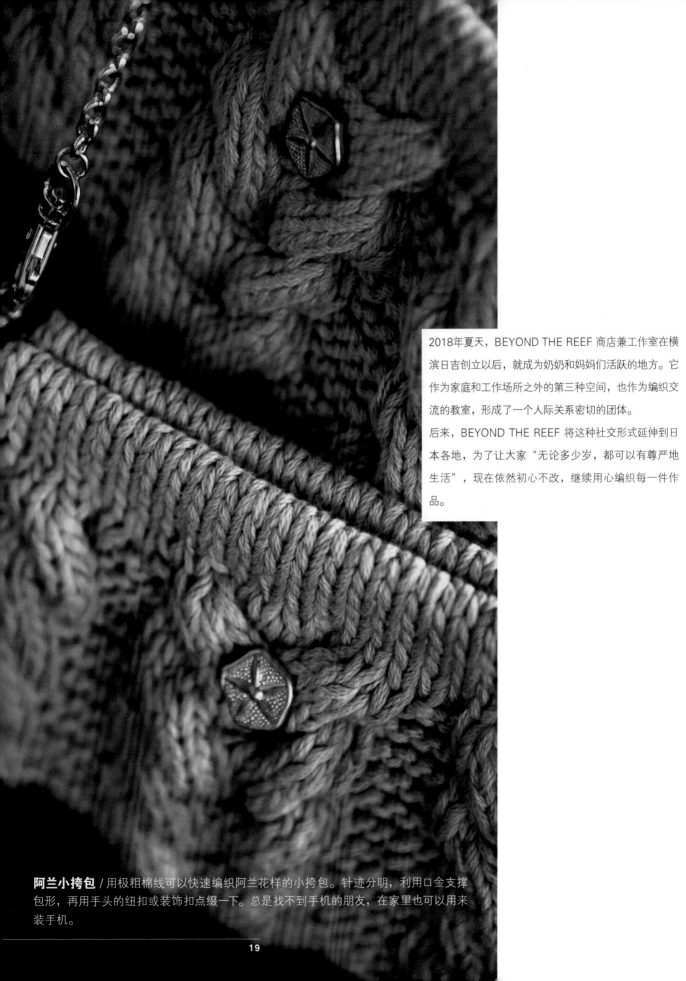

2018年夏天，BEYOND THE REEF 商店兼工作室在横滨日吉创立以后，就成为奶奶和妈妈们活跃的地方。它作为家庭和工作场所之外的第三种空间，也作为编织交流的教室，形成了一个人际关系密切的团体。

后来，BEYOND THE REEF 将这种社交形式延伸到日本各地，为了让大家"无论多少岁，都可以有尊严地生活"，现在依然初心不改，继续用心编织每一件作品。

阿兰小挎包 / 用极粗棉线可以快速编织阿兰花样的小挎包。针迹分明，利用口金支撑包形，再用手头的纽扣或装饰扣点缀一下。总是找不到手机的朋友，在家里也可以用来装手机。

第2部分

在当下的设计作品中呈现手编的温度

小时候，奶奶经常给我编织手套和毛衣。我想把那种无法用语言描述的温暖和幸福感融入现在的时尚中，以这种初心进行包包设计。

作为手编的包包，"编织的乐趣"当然很重要，不仅如此，而且希望别人会想拿着它！用上它！喜欢它！以此为出发点来进行设计，比什么都重要。

另外，编织方法不能复杂，这点也非常重要。

是不是很多人都没有编织过围巾之类的小物件？我们设计的包包，要让编织新手稍微努力一下就可以搞定。

当然，让人体会到"编织真有趣！"，是最重要的。

a

b

圆底手拎包 / 款式非常简单，迎合了现在的时尚。关键在于，不断钩织的短针效果很好。等针直编的包包，整齐的针目给人专业的感觉。在提手正中央安装上磁扣，使包形看起来更有时尚感，也更独特。

这款提手是玫粉色的手拎包改变了磁扣位置，给人的印象也截然不同。大家可以根据自己的喜好来选择。

线材/和麻纳卡 ECO ANDARIA

— 制作方法 → **p.67**

藤编提手手提包 / 这款手提包充分利用了麻绳特有的自然风格和色调。很适合搭配便装和度假服。不同颜色的交界都是直线编织，减少了手编带来的蓬松感。可以自由搭配颜色。

线材/ DARUMA 麻绳

一 制作方法 → **p.72**

单提手小包 / 用 BEYOND THE REEF 既有商品上的花样，编织一款单提手小包。优美的网眼花样是它的特色。款式虽然普通，却带着手编特有的温度，编织方法很棒。装有 D 形环和提手，也可以斜挎，现在看着也不过时，还有几分可爱。

线材/芭贝 Leafy

一 制作方法 → **p.73**

千鸟格花样手拿包 / 用钩针编织永不过时的千鸟格花样，既可以当手拿包，也可以拎着。让花样看起来更突出，同时避免给人呆板的印象，注意细节的设计。适合搭配给人轻便之感的休闲鞋，以及富有青春活力的服饰。

线材/ MARCHENART Manila hemp yarn

— 制作方法 ⌐ **p.78**

爆米花针手提包 / 使用 BEYOND THE REEF 产品中常见的爆米花针编织这款手提包。花样像蓬蓬的球球，很有视觉效果。为了充分突出这种花样的美感，设计了椭圆形包底和小提手。可以横着放入长钱包，很适合出门使用。

线材/芭贝 Leafy

— 制作方法 ⌐ p.82

a

b

c

束口包 / 这种颜色和造型，看着就让人兴奋。相同的编织方法，不同的配色，编织成这款中号束口包。使用皮革材质的圆绳，
自然中又带着高级感，提高了束口包的品位。在这款束口包的制作过程中可以同时享受短针和松叶针的编织乐趣。

线材/ MARCHENART Manila hemp yarn

方形手拎包 / 整体给人方方正正的感觉，侧面刻意设计得比较宽大，搭配了方形提手。整个设计强调线条感，和手编作品常有的温暖特性相比，它更注重时尚感。美丽的方形轮廓，使用等针直编的方法编织短针基础针法。

— 制作方法 → **p.84**

三角包 / 这款三角包始终在追求玩心。可移动的竹制提手，搭配色彩鲜明的毛线。拉链的颜色也设计成了拼色。锥形并不是直接编成的，而是先编织成筒状，再通过拉链连接而成，制作方法比想象中简单很多。

a

b   c

轻巧镂空包 / 用环保线编织的轻巧、时尚的镂空包。在盛行小包的当下，有一个时尚的镂空包也是很有必要的。可以装下 A4 纸大小的图书、笔记本电脑，轻便而且十分结实，很实用。我也想背！带着这样的想法来设计，编织起来也很有劲儿。

线材/和麻纳卡 ECO ANDARIA

― 制作方法 ⌐ **p.88**

手机包 / 现在的手机都是长方形的，所以把手机包也设计成了这样的形状。设计得宽一些，还可以当作普通包使用。这是 BEYOND THE REEF 根据实际物品的设计方法，请大家一定要尝试一下。

线材/芭贝 Leafy

制作方法 → **p.50**

线材/ MARCHENART Manila hemp yarn

发带 / 将 2 个宽宽的织片交叉，编织成富有立体感的头饰。后面用蕾丝编织蝴蝶结装饰，也很适合束发。线材带着微妙的感觉，随便编织也很有韵味。

41

编织要点课堂

椭圆形提手的安装方法

1
将一个提手分成2片，安装在相应位置。

2
将另一片安装在织片反面。

3
用提手自带的爪片固定。垫上布用钳子夹紧，会更牢固。

4
椭圆形提手装好了。另一个提手也按照相同方法安装。

磁扣的安装方法

1
给毛线缝针穿线（用编织线），先在织片反面的安装位置挑1针，然后在相同位置再挑1针，固定线头（珠针是磁扣位置标记）。

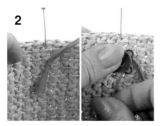
2
固定好线头后，开始缝磁扣。缝合时只挑起织片反面的线，注意缝线不要露到正面。

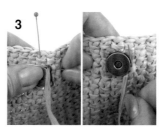
3
逐个缝合磁扣上面的孔。

4
缝好后，将针来回穿入纽扣反面，处理好线头并剪断。

内袋的安装方法

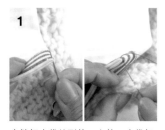
1
先缝好内袋的形状。主体、内袋都翻到反面并重叠着放好，对齐底角开始缝合（实际操作时要使用不显眼的线）。

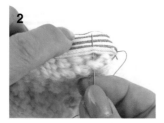
2
缝合时只挑起织片的外侧和内袋布（不要挑起黏合衬）。

3
从下面缝到1/3左右。

4
缝好了。另一边也按照相同方法缝合。

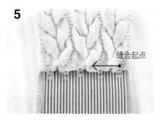
5
织片翻到正面，假缝包口。中央、两端及其中点，都用夹子暂时固定。

6
从距离端头稍远的地方开始缝。缝合内袋布和织片反面，注意缝线不要露到正面。

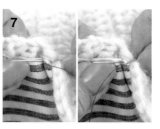
7
将包口的转角缝牢固。止缝2~3针比较合适。

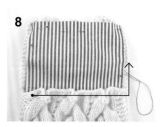
8
继续缝合内袋和织片。在周围缝1圈（为了便于缝完后打结，没有从端头开始缝合）。

p.19 阿兰小挎包的组合方法

● 制作口金通道（引拔接合）

1 编织好口金通道后，取下棒针，用钩针挑起第1行反面的线（为便于理解，这里用了其他颜色的线）。

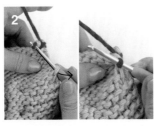

2 将钩针插入编织终点的线圈中，拉出。

3 挑起第1行相邻的针目和最终行的下一针，挂线并引拔。

4 完成引拔针。

5 按照相同要领逐针钩织引拔针接合。

6 钩织至端头，留10cm左右线头剪断。另一端的口金通道也按照相同方法钩织。

● 缝合包底（引拔接合）

1 将织片正面相对对齐，将钩针插入2片底部端头的针目，挂线并拉出。然后分别将钩针插入相邻的针目，挂线并引拔。

2 按照相同要领逐针挑针做引拔接合。

● 缝合侧面（引拔接合）

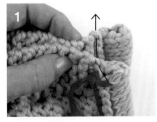

1 将织片正面相对对齐，将钩针插入口金通道下方的针目。

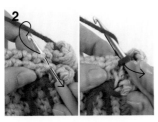

2 挂线并拉出。然后继续挂线并引拔。

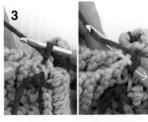

3 将线拉紧，然后将钩针插入2片织片端头的针目，挂线并引拔。

4 继续按照相同要领做引拔接合，引拔时把握好力度，不要让侧面扭曲。

● 弹簧口金的安装方法

1 取下口金的螺丝，用遮蔽胶带等包住端头以免损坏织片，然后穿入口金通道。

2 穿好了。另一条也按照相同方法穿入。

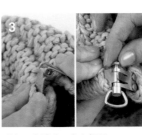

3 对齐口金端头，安上螺丝。

4 另一边也安上螺丝，完成。

p.16 口金包的框架口金的安装方法和缎带的缠绕方法

● 框架口金的安装方法

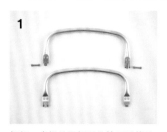

1

框架口金指的是铝质的梳子形状的口金。先取下螺丝,拆成2根。

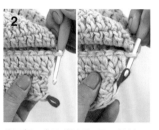

2

编织好口金通道以后,取下钩针,插入第1行反面的线弧,将编织终点的线圈拉出(为便于理解,这里用了其他颜色的线)。

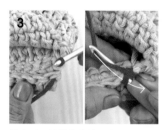

3

拉出后,继续挂线并引拔。

4

将口金通道对折,同时挑起下一针,挂线并引拔。

5

按照相同要领逐针挑针接合。

6

提手部分只挑起提手,将锁针接合到一起。

7

按照相同要领逐针挑针接合。

8

可以将口金放入,包住钩织(穿入口金时,要用遮蔽胶带等包住端头,以免损坏织片,参照p.43)。

9

另一侧也按照相同方法穿上口金,对齐端头。

10

用螺丝固定口金两端。

11

口金安装好了。

● 缎带的缠绕方法

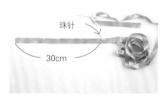

1

将310cm长的缎带穿在缝针上,在距离端头30cm处用珠针做个记号。

珠针
30cm

2

从正面将缝针插入口金通道的端头。

正面

3

在缝合处上方出针。缎带在珠针位置停止穿入,就这样留30cm。

正面
(反面)

4

再次将缝针插入相同位置,包住口金,缠绕缎带。

正面

5

注意不要扭转,将缎带拉紧。

再次在相同位置入针，穿入缎带，稍微错开一点继续缠绕，拉紧。（端头缠绕2次）。

插入下一个针目，继续缠绕缎带。

注意不要扭转缎带，逐针拉紧。

转角处在相同位置缠绕2次。

提手部分按照相同要领缠绕。

逐针拉紧，仔细缠绕。

缠绕终点从端头后退1针入针。

像这样在端头第2针的正面出针。

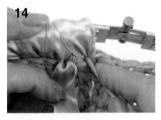

回到端头做一个缎带圈。

从缎带圈中出针。

将缎带端头从缎带圈中穿过。

注意不要扭转缎带，将缎带圈拉紧。

缠绕起点剩余的缎带也按照相同要领处理。取下珠针，将缎带穿在缝针上，插入端头第2针。

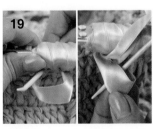

保留缎带圈，再次从端头针目出针，将针插入缎带圈，将缎带端头从缎带圈中穿过。

注意不要扭转缎带，将缎带圈拉紧。

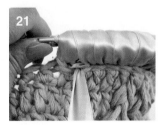

缎带缠好了。

p.36 三角包的编织方法

● 让立织针目不明显的编织方法

1

第1行编好了。钩织好最后1针，不向第1针引拔，将钩针上的线圈拉大，取下钩针。

2

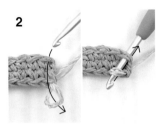

从后面插入第1针的头部，将最后1针拉出（为便于理解，改变了线的颜色）。

3

拉出的样子。

4

挂线引拔，钩织锁针。

5

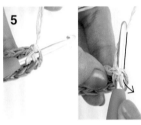

挑起根部的2根线（这里的2根是4根），挂线并拉出。

6

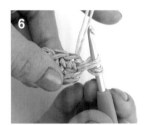

拉出的样子。

7

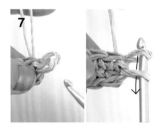

抽出钩针，重新从前面插入，将针目拉出。

8

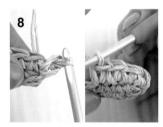

拉出的样子。这将成为第2行的第1针。继续钩织普通的短针。

（平编的情况）

1

钩织好最后1针，不向第1针引拔，将钩针上的线圈拉大，取下钩针。

2

从后面插入第1针的头部，将休针拉出，挂线并引拔。

3

引拔的样子（钩织了1针锁针）。

4

挑起2根横向渡线（这里的2根是4根），挂线并拉出。

5

将钩针取下，重新从左边插入，将右边的针目拉出。

6

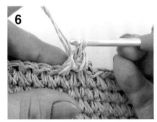

拉出的样子。这将成为下一行的第1针。

7

接下来钩织普通的短针。

● 编织终点（连接锁针）

1

编织终点不钩织引拔针，完美地连接在一起。钩织完最后1针短针，线头留10cm剪断，然后将线头从针目中拉出。

2

将线头穿在毛线缝针上，挑起第1针短针的头部。

3

回到最后1针短针头部的中央。

4

拉紧毛线，使其变成1针短针头部的大小，在反面处理线头。

● 气眼扣的安装方法

1

从左边起依次是气眼扣（正面、反面）、安装台（垫、压）、安装棒、橡胶垫、木槌。

2

从正面安上带柱的气眼扣，组合上气眼扣（反面）。

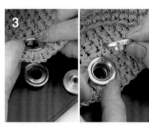

3

铺上橡胶垫，将气眼扣放在安装台（垫）上，然后放上安装台（压）。

4

垂直放上安装棒，用木槌敲打。要敲打牢固。

● 拉链的安装方法

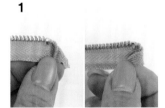

1

将拉链端头折叠45°，止缝。

2

缝好了（实际要使用不显眼的颜色）。另一端也按照相同方法止缝。

3

将拉链和包口对齐，用夹子固定。

4

从拉链下方的端头开始缝。从反面入针，从包口短针头部的下方出针。

5

用不显眼的小针脚做回针缝。

6

从反面看的样子。一点点仔细缝合。

7

另一边也从拉链下方的端头开始做回针缝。

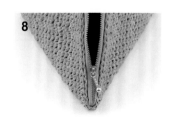

8

拉链安装好了。

关于线材

下面介绍本书使用的线材。（图片为实物粗细）

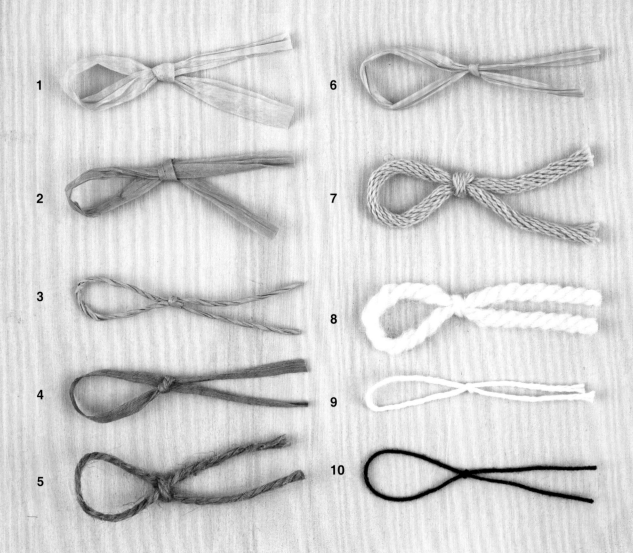

1 芭贝 Leafy
和纸100% 40g/团/170m

2 MARCHENART
Manila hemp yarn
植物纤维(马尼拉麻)100% 约20g/
团/约50m

3 DARUMA
SASAWASHI
和纸100%（大叶竹和纸，做过防
水处理）25g/团/48m

4 DARUMA GIMA
棉70% 亚麻30%（做过仿麻处
理）30g/团/46m

5 DARUMA 麻绳
植物纤维（黄麻）100% 100m/
团

6 和麻纳卡 ECO ANDARIA
人造丝100% 40g/团/约80m

7 DMC Natura XL
棉100% 100g/团/75m

8 Ski 毛线
Olympic 纯羊毛 极粗
羊毛100% 约30g/团/约37m

9 Ski 毛线
柔软婴儿棉
棉100% 约30g/团/约102m

10 极细棉线
棉100% 约60g/约315m

编织方法、制作方法

＊基础编织方法在p.90之后。

＊编织图中未标注单位的数字均以厘米（cm）为单位。

＊毛线的用量仅作为参考。每个人的编织手劲儿不同，所需要的毛线量也不一样。保险起见，可以多准备一些。

＊作品尺寸也会根据编织手劲儿而变化。如果想完成书中的尺寸，一定要根据编织密度选择所用针的号数（成品偏小需要用大一号针，偏大则需要用小一号针）。

＊使用线、使用色可能部分已经停产。

— 图片 ⟶ p.41

— 发带

组合方法

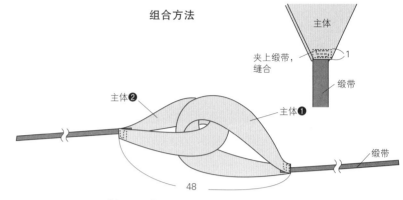

夹上缎带，缝合

主体

缎带

主体❷

主体❶

缎带

48

① 将2片主体交叉。
② 在主体端头夹上缎带，用主体的线缝合。

材料和工具

MARCHENART Manila hemp yarn 麦秆色
（507）50g，极细棉线 黑色 5g
钩针 6/0 号、3/0 号

成品尺寸

参照图示

编织密度

10cm×10cm 面积内：短针 15 针，14 行

编织要点

● 主体钩织 3 针锁针起针，挑起锁针的里
　山开始钩织。一边参照图示加针，一边钩
　织 13 行短针。然后，不加减针钩织 50 行，
　一边减针一边钩织 13 行。编织终点向主体
　端头 1 针内侧钩织 1 圈引拔针。
● 缎带钩织 5 针锁针起针，参照图示钩织 74
　行。
● 参照组合方法组合。

缎带

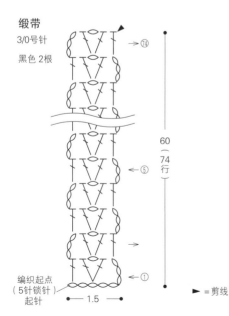

3/0号针
黑色 2 根

⑦④

⑤

①

60
（74
行）

1.5

► = 剪线

编织起点
（5 针锁针）
起针

主体

麦秆色 2 片

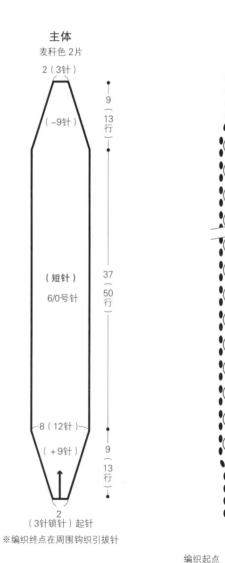

2（3针）

（−9针）

9
（13
行）

（短针）

6/0号针

37
（50
行）

8（12针）

（+9针）

9
（13
行）

2
（3针锁针）起针

※编织终点在周围钩织引拔针

主体

引拔针编织起点

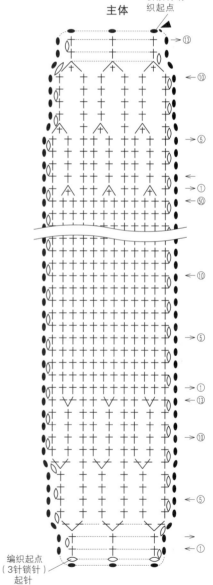

⑬

⑩

⑤

①

50

⑩

⑤

①

⑬

⑩

⑤

①

编织起点
（3 针锁针）
起针

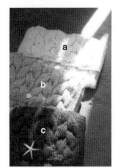

— 图片 ⟶ **p.06、p.07**

— 麻花花样手拿包

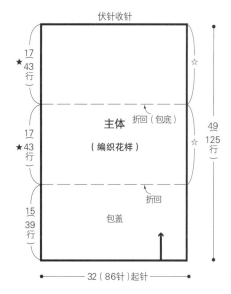

伏针收针

★ 17 43 行

折回（包底）

主体
（编织花样）

★ 17 43 行

☆

☆

49 125 行

折回

15 39 行

包盖

↑

◀ 32（86针）起针 ▶

※全部使用15号针编织

材料和工具

a / Ski 毛线 Olympic 纯羊毛 极粗 原白色
（301）220g

b / Ski 毛线 Olympic 纯羊毛 极粗 灰色
（300）220g

c / Ski 毛线 Olympic 纯羊毛 极粗 海军蓝色
（311）220g

〈通用〉布（33cm×48cm），厚黏合衬
（30cm×45cm），装饰纽扣 1 颗，D
形环（20mm 古金色）2 个，棒针
15 号

成品尺寸

宽 32cm，深 17cm

编织密度

10cm×10cm 面积内：编织花样 27 针，25.5
行

编织要点

● 主体手指起针 86 针，下一行看着正面编织。
参照图示编织 124 行编织花样，最后做伏
针收针。
● 缝内袋。
● 参照组合方法组合。

组合方法

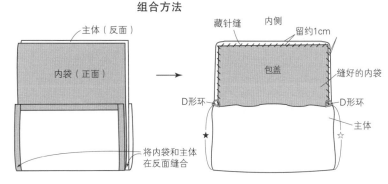

主体（反面）

内袋（正面）

藏针缝　内侧　留约1cm

包盖

缝好的内袋

D形环

D形环

主体

将内袋和主体
在反面缝合

★

☆

①将主体在指定位置折回，★ 和 ★、☆ 和 ☆ 正面相对对齐，做引拔接合（参照p.43）。
②将①的材料和缝好的内袋重合，在包底两端缝合，翻到正面，将包口和包盖做藏针缝缝合（参照p.42）。
③将装饰纽扣缝在指定位置。
④D形环缝在包口两边的指定位置。

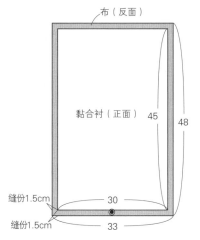

布（反面）

黏合衬（正面）　45　48

缝份1.5cm

缝份1.5cm

30

33

①将布和黏合衬裁剪成指定大小，将黏
合衬放在布的反面，熨烫固定。

内袋的缝法

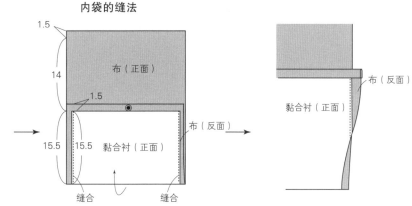

1.5

14

布（正面）

1.5

15.5　15.5

黏合衬（正面）

布（反面）

缝合　　　缝合

②将①的材料正面相对折好，缝成袋状。
两边连同黏合衬一起缝合。

布（反面）

黏合衬（正面）

③将布的缝份折向黏合衬，熨烫。

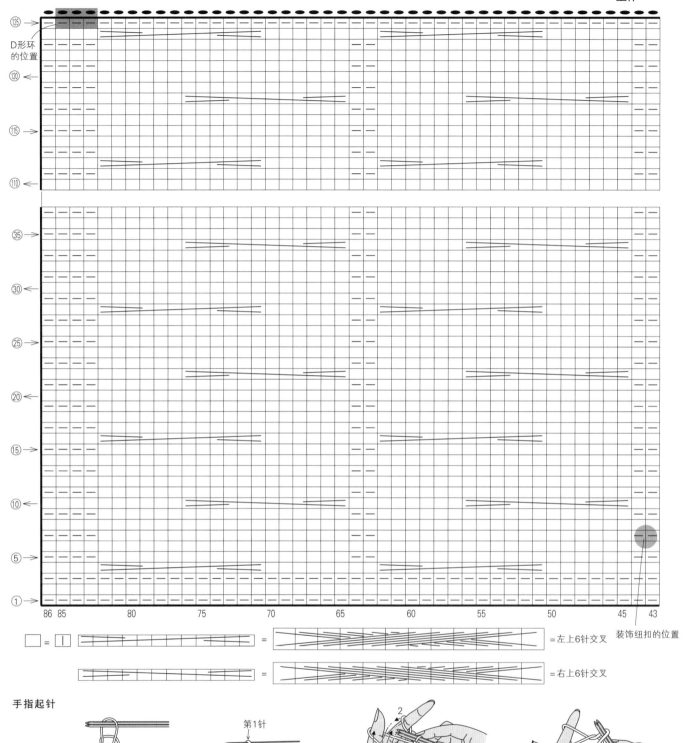

D形环的位置

装饰纽扣的位置

□ = □

= 左上6针交叉

= 右上6针交叉

手指起针

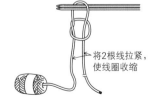

1 将2根棒针插入线圈，将线拉紧，使线圈收缩。

将2根线拉紧，使线圈收缩

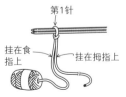

2 完成了第1针。

第1针

挂在食指上　挂在拇指上

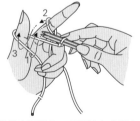

3 将短线挂在拇指上，长线挂在食指上，剩下的3根手指握住线头，按照图示转动棒针。

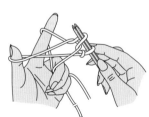

4 棒针上挂线，将拇指上的线取下。

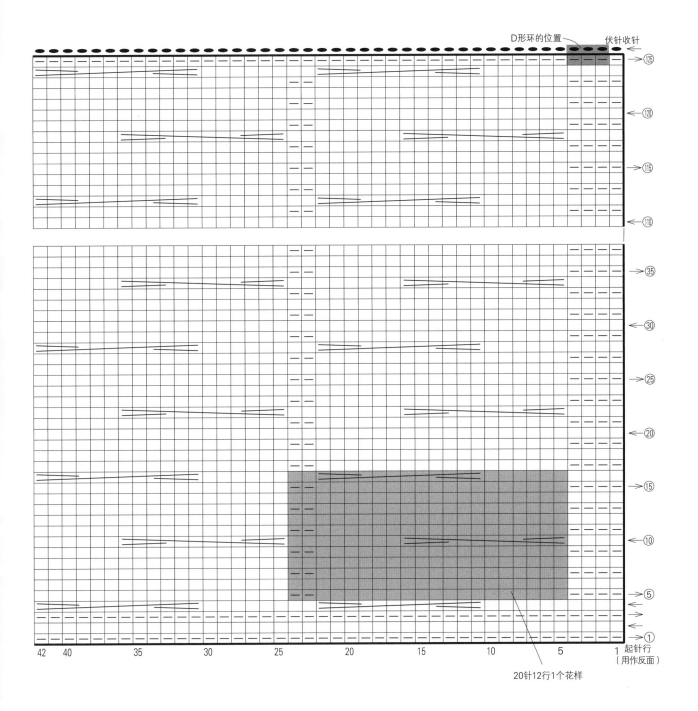

D形环的位置　　　伏针收针

⑤ ⑩ ⑮ ⑳ ㉕ ㉚ ㉟ ⑪⑩ ⑪⑮ ⑫⑩ ⑫⑮

42　40　　35　　30　　25　　20　　15　　10　　5　　1 起针行
（用作反面）

20针12行1个花样

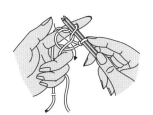

5　如箭头所示再次插入拇指。

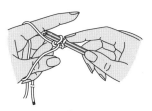

6　第2针完成了。

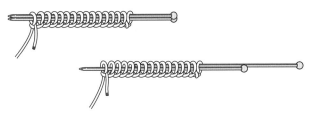

7　重复步骤3～6，起所需要的针数。然后抽出1根棒针，
开始编织。

— 图片 ↗ **p.12、p.13**

— 篮子

材料和工具

Ski 毛线 Olympic 纯羊毛 极粗 原白色（301）
180g，成品篮子（尺寸参照图示）1 个，直
径 18mm 的装饰纽扣 1 颗，棒针 6 号、7 号，
钩针 7/0 号

成品尺寸

篮口周长 85cm，深 21cm

编织密度

10cm×10cm 面积内：编织花样
20 针，28 行（6 号针）
19 针，26.5 行（7 号针）

编织要点

● 主体共线锁针起针 144 针，环形编织。参
照图示一边调整编织密度，一边做 51 行编
织花样。然后用钩针做 3 行边缘编织。从起
针的锁针挑针，做 2 行边缘编织。根据篮子
的大小，调整行数。
● 在主体的指定位置缝上装饰纽扣。
● 将织好的篮子主体套在成品篮子上，上下
两端分别缝合。

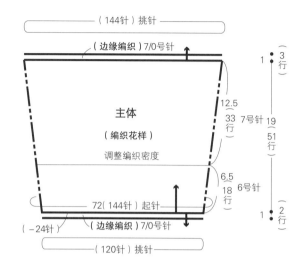

（144针）挑针

（边缘编织）7/0号针

1　（3行）

12.5
33行　7号针　19（51行）

主体

（编织花样）

调整编织密度

6.5
18行　6号针

72（144针）起针

（-24针）

（边缘编织）7/0号针

1　（2行）

（120针）挑针

篮子的尺寸

85

21

69

组合方法

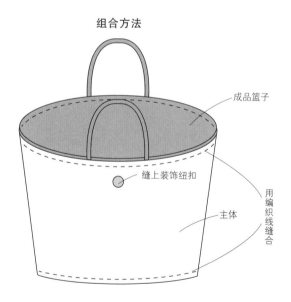

成品篮子

缝上装饰纽扣

主体

用编织线缝合

① 将装饰纽扣缝在指定位置。
② 保持篮口外扩而篮底内缩的状态，将篮子主体套在成品篮子上，
上下两端分别缝合（利用织物的弹性，使篮子主体和成品篮子对
齐，一边合理调整编织密度一边缝合）。

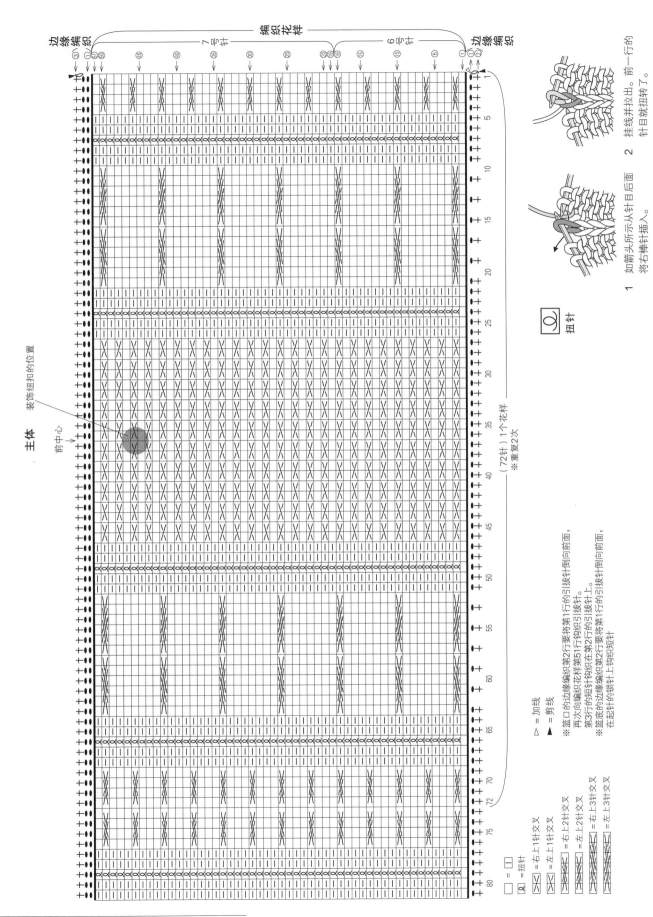

主体　装饰纽扣的位置

扭针

1　如箭头所示从针目后面将右棒针插入。
2　挂线并拉出。前一行的针目就扭转了。

□ =□
Ｑ =扭针

=右上1针交叉
=左上1针交叉
=右上2针交叉
=左上2针交叉
=右上3针交叉
=左上3针交叉
=扭针

▷ =加线
▲ =剪线

※篮口的边缘编织第2行要将第1行的引拔针倒向前面，
再次向篮口编织花样第5行钩织引拔针。
第3行的短针要钩织在第2行的引拔针上。
※篮底的边缘编织第2行要将第1行的引拔针倒向前面，
在起针的锁针上钩织短针

● 接 p.58

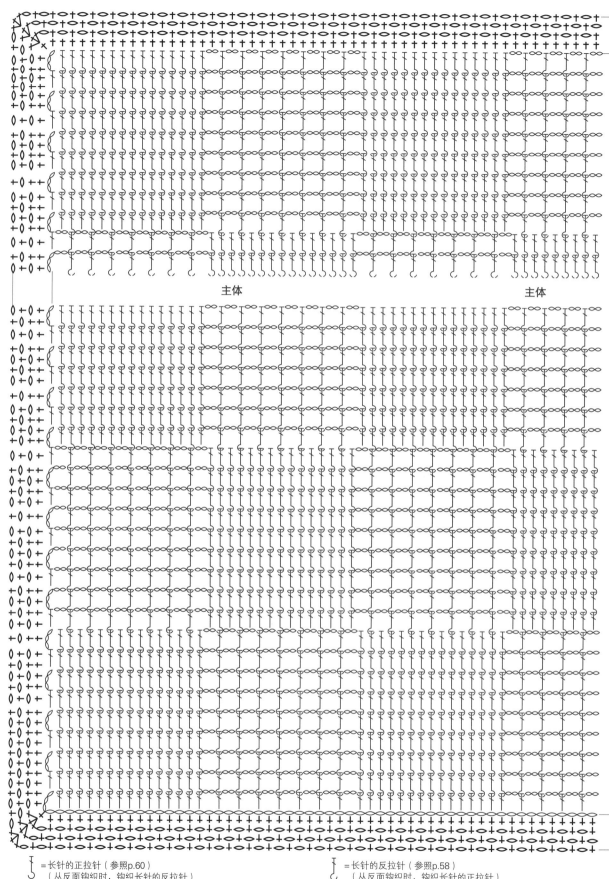

主体

主体

▷ = 加线
► = 剪线

┃ =长针的正拉针（参照p.60）
（从反面钩织时，钩织长针的反拉针）

┃ =长针的反拉针（参照p.58）
（从反面钩织时，钩织长针的正拉针）

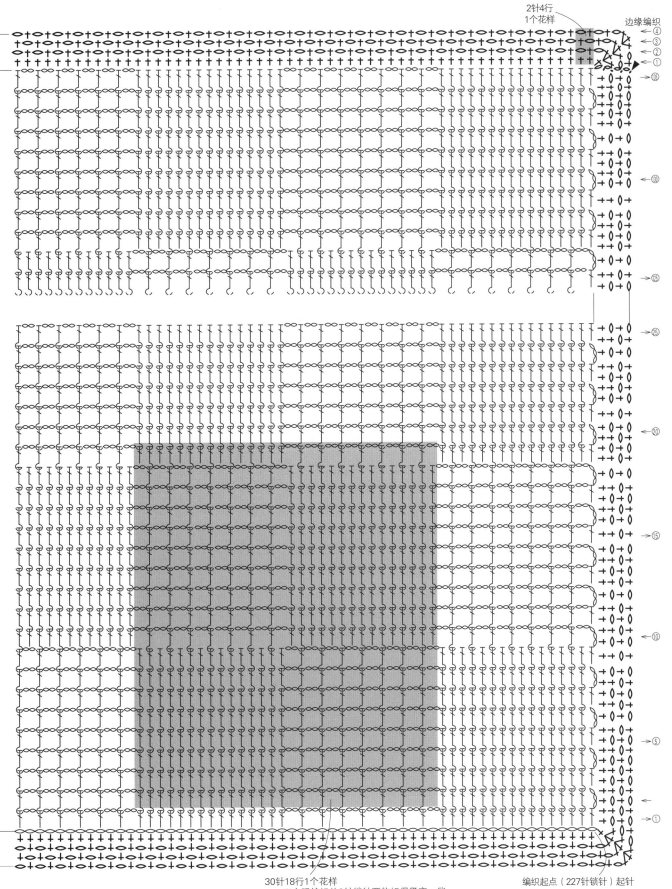

边缘编织

2针4行
1个花样

30针18行1个花样
※方眼编织的2针锁针要钩织得紧密一些

编织起点（227针锁针）起针

57

— 图片 ↗ **p.14、p.15**

— 隆子小姐的毛毯

材料和工具
Ski 毛线 柔软婴儿棉 原白色（2）590g，
钩针 3/0 号

成品尺寸
85cm × 85cm

编织密度
10cm×10cm 面积内：编织花样 27.5 针，
16.5 行

编织要点
● 主体锁针起针 227 针，参照图示
　做 135 行编织花样。然后在主体
　周围做 4 行边缘编织。

长针的反拉针

1　在针上挂线，将钩针从后
　面插入前一行针目的根部，
　针头出现在后面，然后钩
　织长针。

2　长针的反拉针完成。

※全部使用3/0号针钩织

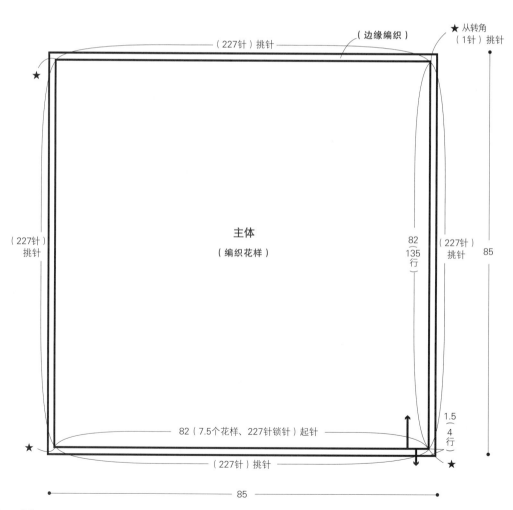

● 主体的编织方法见 p.56

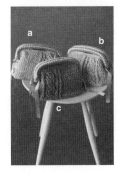

— 图片 ↘ **p.16**、**p.17**

— 口金包

材料和工具

DMC Natura XL 300g，DARUMA GIMA
90g（色号参照下表），Jasmine 口金（JS–
1224）（24cm 银色）1 个，宽 18mm 的缎带
620cm，直径 18mm 的装饰纽扣 1 颗，钩针
10/0 号、8/0 号

成品尺寸

宽 34.5cm，深 15cm（不含提手）

编织密度

10cm×10cm 面积内：编织花样 10.5 针，6
行

编织要点

● 2 种线各取 1 根并为 1 股，钩织包底和
主体。

● 包底钩织 11 针锁针起针，参照图示挑针钩
织 7 行短针。

● 主体参照图示做 9 行编织花样，环形编织。
口金通道取 1 根 DMC Natura XL 线钩织，
做往返编织。

● 参照组合方法，将口金通道折向内侧，做
引拔接合。安上口金（参照 p.44）。

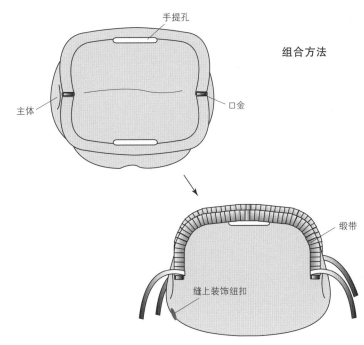

※打开口金从正上方看的样子

手提孔

组合方法

主体　　口金

缎带

缝上装饰纽扣

① 编好后，安上口金（参照 p.44）。
　第 1 行的引拔针（提手部分钩织锁针）和最终行的长针的头部重叠在
　一起，做引拔接合。
　钩织好口金通道后，安上口金（也可以一边安装口金，一边钩织口
　金通道）。

② 在①的提手上缠绕缎带（参照 p.44）。

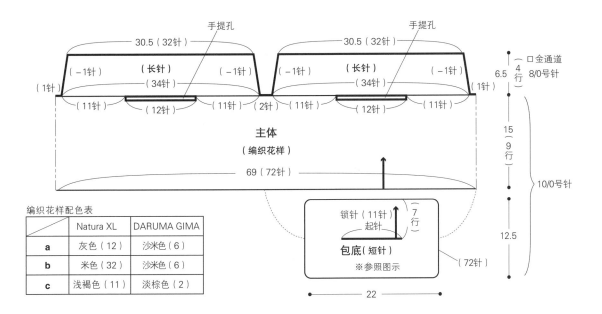

手提孔　　　　　　　　　　　　手提孔

30.5（32针）　　　　　　　30.5（32针）

（长针）　　　　　　　　（长针）

（－1针）　　（－1针）　（－1针）　　　（－1针）

口金通道
8/0号针

6.5 4行

（1针）　（34针）　　　　（34针）　（1针）

（11针）（12针）（11针）（2针）（11针）（12针）（11针）

主体
（编织花样）

15（9行）

10/0号针

69（72针）

锁针（11针）
起针　　7行

包底（短针）
※参照图示

12.5

（72针）

22

编织花样配色表

	Natura XL	DARUMA GIMA
a	灰色（12）	沙米色（6）
b	米色（32）	沙米色（6）
c	浅褐色（11）	淡棕色（2）

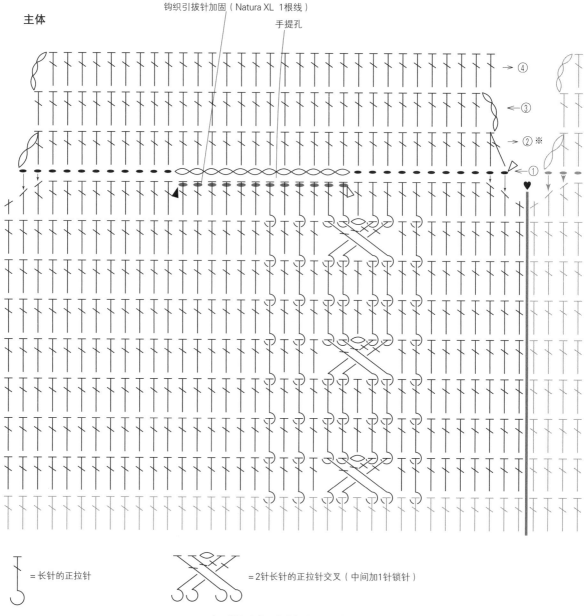

主体

钩织引拔针加固（Natura XL 1根线）

手提孔

→ ④
← ③
→ ② ※
← ①

♥

$\dagger$ = 长针的正拉针

= 2针长针的正拉针交叉（中间加1针锁针）

※口金通道第2行将引拔针倒向后面，挑起下一行的头部钩织（锁针部分挑起里山）

▷ = 加线
► = 剪线

长针的正拉针

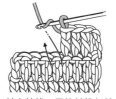 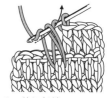 

1 针上挂线，用钩针挑起前一行针目的根部，针头出现在前面。

2 钩织长针。

3 长针的正拉针完成。

钩织引拔针加固（Natura XL 1根线）

手提孔

主体

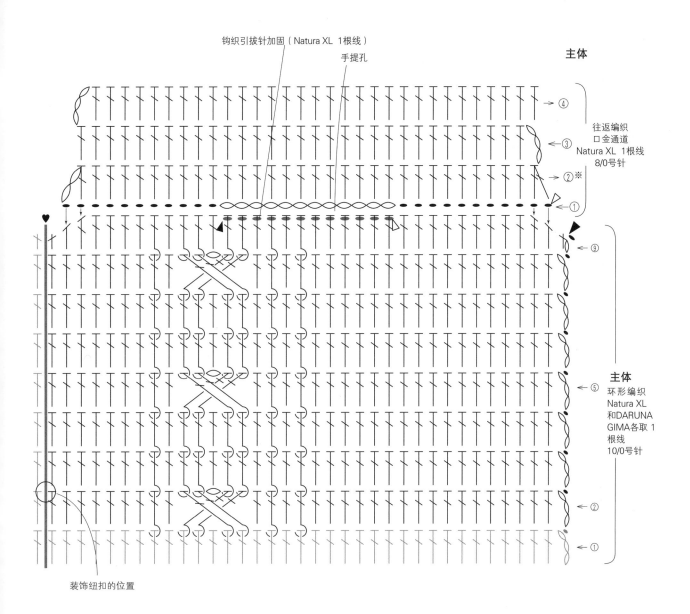

→ ④

← ③ 往返编织
□金通道
Natura XL 1根线
8/0号针

→ ②※

→ ①

← ⑨

← ⑤ 主体
环形编织
Natura XL
和DARUNA
GIMA各取 1
根线
10/0号针

← ②

← ①

装饰纽扣的位置

包底

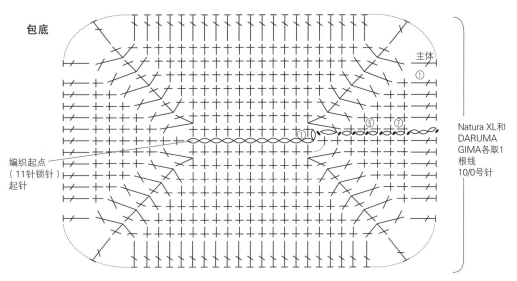

主体
①

⑤ ⑦

Natura XL和
DARUMA
GIMA各取1
根线
10/0号针

编织起点
（11针锁针）
起针

— 图片 ⟶ **p.18、p.19**

— **阿兰小挎包**

材料和工具

a / DMC Natura XL 灰色（12）125g
b / DMC Natura XL 米色（32）125g
〈 通用 〉Jasmine 口金（JS8518-G）（18cm、
带 D 形环、金色），包链（100cm、
两端带龙虾扣、金色）1 条，直径
18mm 的装饰纽扣 1 颗，棒针 11 号，
钩针 7/0 号

成品尺寸

宽 20cm，深 13cm

编织密度

10cm×10cm 面积内：编织花样 23 针，25.5
行

编织要点

● 主体用 7/0 号针共线锁针起针 46 针，用棒
针挑起锁针的里山，参照图示做 28 行编织
花样。第 1 行减针，口金通道做下针编织。
编织终点做伏针收针。编织 2 片。
● 参照组合方法组合。

主体 2片

伏针收针

（下针编织）口金通道

折回 （−20针）

4（10行）

18（26针）

（编织花样）

11（28行）

20（46针）起针

※除起针以外用11号针编织

组合方法

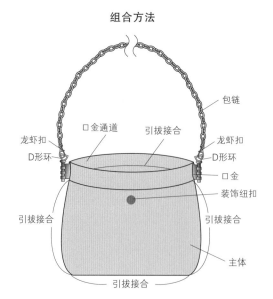

包链
口金通道　引拔接合
龙虾扣　　　　　　　　　龙虾扣
D形环　　　　　　　　　D形环
　　　　　　　　　　　口金
　　　　　　　　　　　装饰纽扣
引拔接合　　　　　　　引拔接合
　　　　　　　　　　主体
引拔接合

①钩织2片主体，正面相对对齐在两侧做引拔接合，包底也做引拔接合（参照p.43）。
②将口金通道折向内侧，做引拔接合（参照p.43）。
③取下口金上的D形环，将口金穿入口金通道。
④重新安装取下的D形环（参照p.43）。
⑤在D形环上安装包链。
⑥将装饰纽扣缝在指定位置。

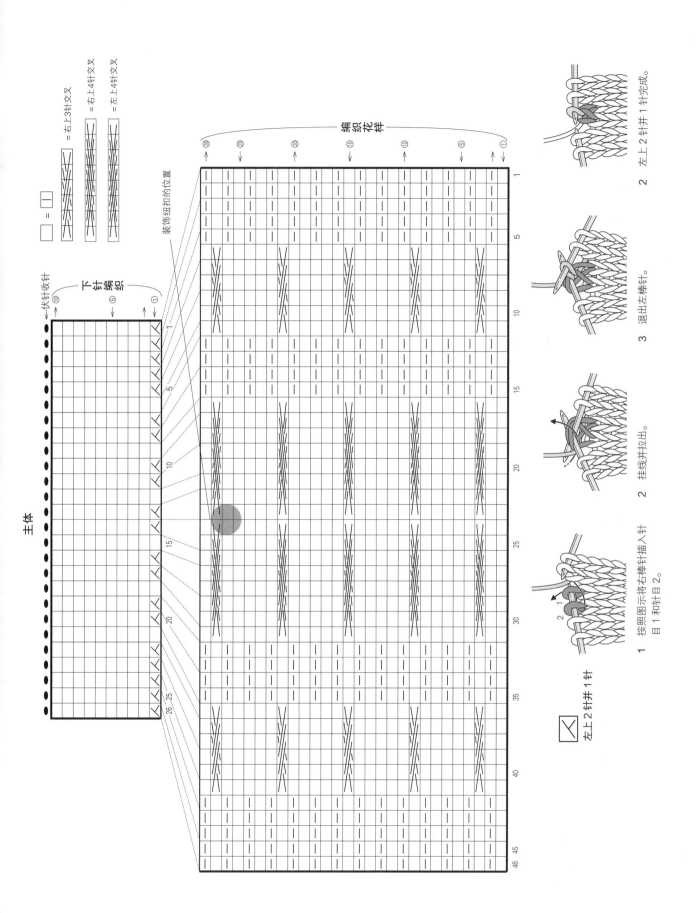

□ = 右上3针交叉

= 右上4针交叉

= 左上4针交叉

□ = □

伏针收针

下针编织

装饰纽扣的位置

主体

编织花样

左上2针并1针

左上2针并1针

1 按照图示将右棒针插入针
目1和针目2。

2 挂线并拉出。

3 退出左棒针。

2 左上2针并1针完成。

— 图片　→ **p.22、p.23**

— 圆底手拎包

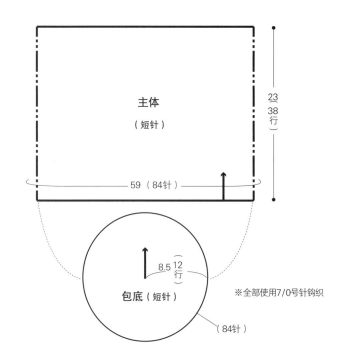

主体
（短针）

23（38行）

59（84针）

8.5（12行）

包底（短针）

（84针）

※全部使用7/0号针钩织

材料和工具

a / 和麻纳卡 ECO ANDARIA 自然色（23）
240g、黑色（30）75g

b / 和麻纳卡 ECO ANDARIA 自然色（23）
240g、玫粉色（46）75g

〈通用〉底板（直径 16.5cm）1 块，直径
14mm 的磁扣 1 组，直径 18mm 的
装饰纽扣 1 颗，钩针 7/0 号

成品尺寸

包口周长 59cm，深 23cm（不含提手）

编织密度

10cm×10cm 面积内：主体的短针 14 针，
16.5 行

编织要点

● 除指定以外均取 2 根线钩织。

● 包底钩织 2 片。分别环形起针，参照图示
一边加针一边钩织 12 行短针（参照包底的
编织方法图）。

● 在 2 片包底中间放上底板，挑针钩织 38 行
主体。

● 提手钩织 125 针锁针起针，参照图示钩织
10 行短针。

● 提手用半回针缝的方法缝在主体的指定位
置。磁扣缝在主体内侧，装饰纽扣缝在主
体外侧。

配色表

	a	b
包底、主体	自然色	自然色
提手	黑色	玫粉色

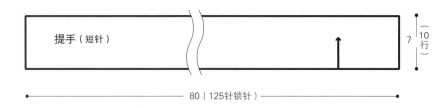

提手（短针）

7（10行）

80（125针锁针）

组合方法

①将提手缝在主体相应位置。

②磁扣缝在主体内侧，装饰纽扣缝在主体外侧。

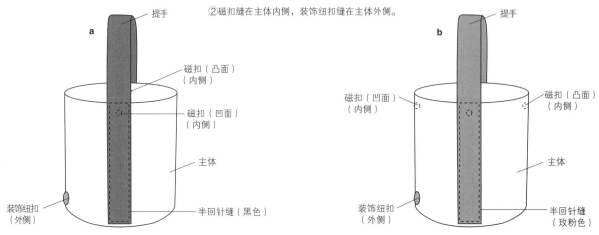

a

提手

磁扣（凸面）
（内侧）

磁扣（凹面）
（内侧）

主体

装饰纽扣
（外侧）

半回针缝（黑色）

b

提手

磁扣（凹面）
（内侧）

磁扣（凸面）
（内侧）

主体

装饰纽扣
（外侧）

半回针缝
（玫粉色）

提手

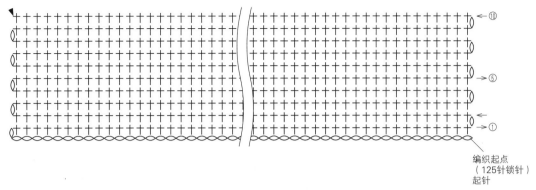

编织起点
（125针锁针）
起针

包底

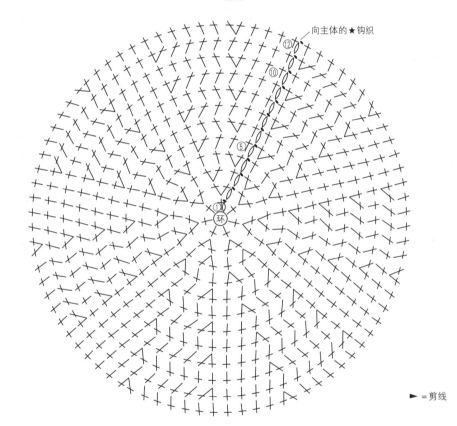

向主体的★钩织

► = 剪线

包底针数表

行数	针数	
12	84针	（+7针）
11	77针	（+7针）
10	70针	（+7针）
9	63针	（+7针）
8	56针	（+7针）
7	49针	（+7针）
6	42针	（+7针）
5	35针	（+7针）
4	28针	（+7针）
3	21针	（+7针）
2	14针	（+7针）
1	7针	

包底的钩织方法

①钩织2片包底。一片取2根线参照图示钩织12行（❶），
另一片取2根线钩织10行，第11、12行取1根线钩织（❷）。

②将❶和❷反面相对对齐，中间放上底板，看着❶的正面，挑起
❶和❷的短针头部，取2根线钩织主体的第1行。

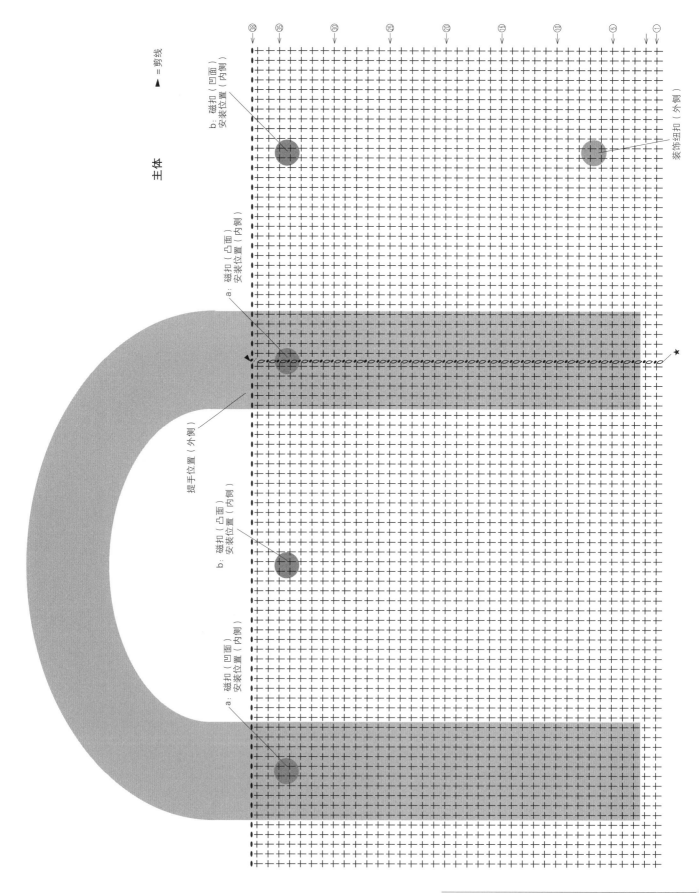

主体

▲ = 剪线

b：磁扣（凹面）（内侧）安装位置

a：磁扣（凸面）（内侧）安装位置

装饰纽扣（外侧）

提手位置（外侧）

b：磁扣（凸面）（内侧）安装位置

a：磁扣（凹面）（内侧）安装位置

★

— 图片　⟶ **p.24**、**p.25**

— 藤编提手手提包

组合方法

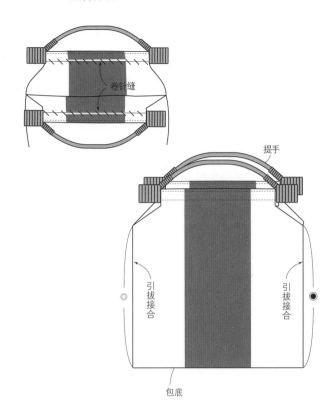

材料和工具

a / DARUMA 麻绳 白色（11）240g（约175cm）、黑色（4）150g
（约110m）

b / DARUMA 麻绳 赤陶色（12）240g（约175cm）、自然色（1）
150g（约100m）

c / DARUMA 麻绳 自然色（1）240g（约160cm）、橄榄绿
色（13）150g（约110m）

〈通用〉INAZUMA 藤条提手（RM–13）1 组，钩针 7/0 号

成品尺寸

宽 31cm，深 32.5cm

编织密度

10cm×10cm 面积内：编织花样 14.5 针，13.5 行

编织要点

● 主体留 200cm 长的线头，钩织 72 针锁针起针，参照图示钩
织短针花样。一边加针，一边钩织 7 行，左侧继续钩织，右侧
预先钩织 10 针锁针起针，两端挑起锁针的里山起 10 针，不加
减针钩织 28 行。继续在两端一边减针一边钩织 7 行，线头留
200cm 长剪断。

● 用留下的线钩织引拔针接合两侧，参照组合方法组合。

① 主体正面相对对齐，用留下的线将◉和◉、◎和◎ 做引拔接合。

② 包口两边钩织 1 行引拔针。

③ 将提手夹在提手通道里，折向内侧，做卷针缝缝合。

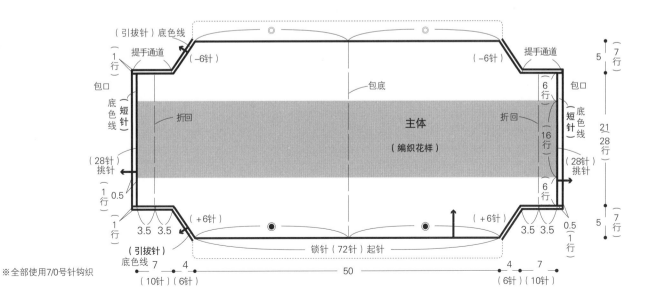

※全部使用7/0号针钩织

配色表

	a	b	c
底色线 土	白色	赤陶色	自然色
配色线 土	黑色	自然色	橄榄绿色

土 =短针的编织花样（全部挑起前一行短针头部的前面1根线钩织）

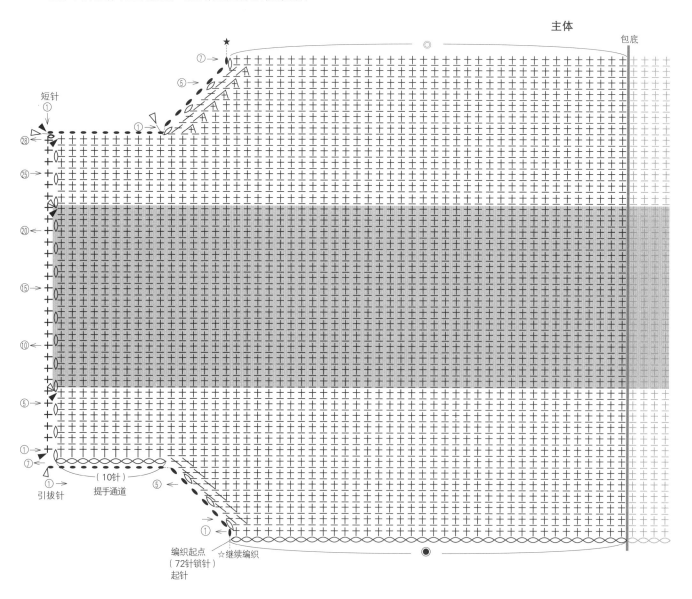

主体

短针

① 引拔针

（10针）
提手通道

编织起点
（72针锁针）
起针

☆继续编织

包底

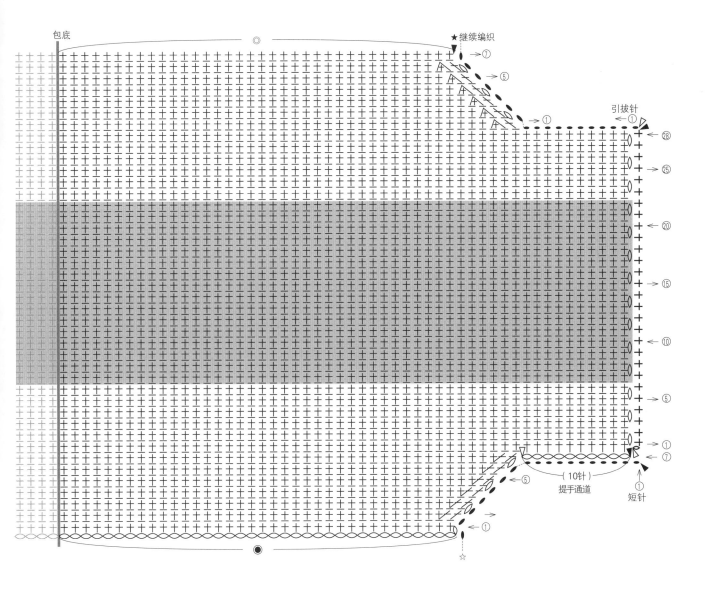

★继续编织

引拔针

包底

(10针)
提手通道

短针

▷ =加线
► =剪线

● 接 p.72

主体

前中心 　D形环环襻的位置 　　　　　　　　　　　　　　　　　　　　　　　　　　　　　　　　　　　　　侧面

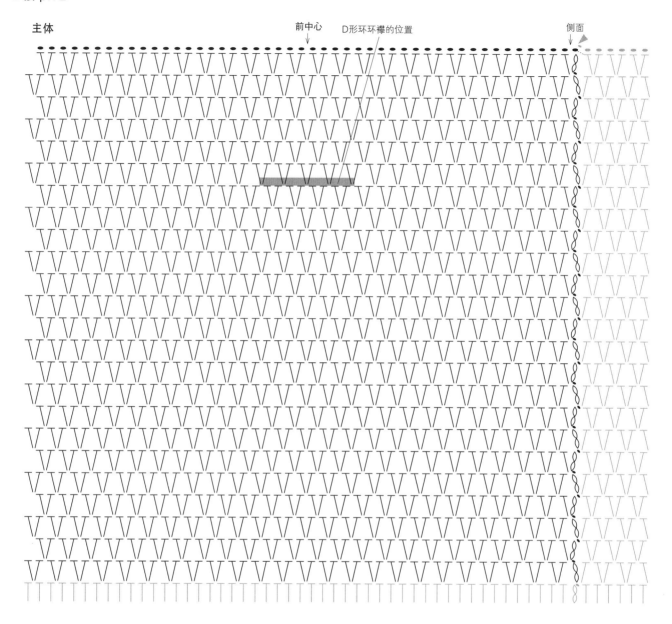

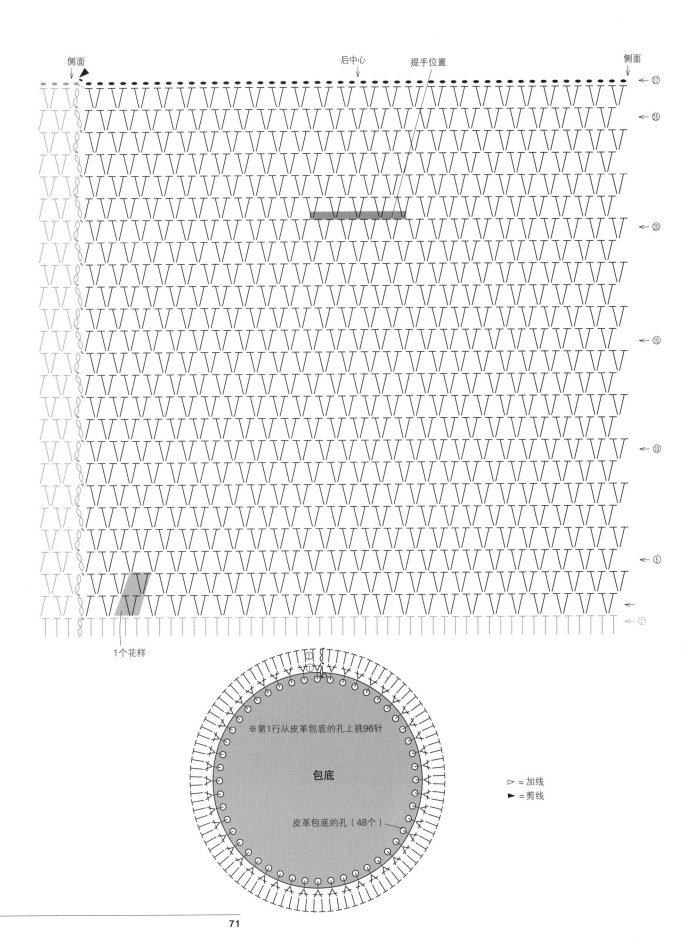

侧面　　　　　　　　　　　　后中心　　提手位置　　　　　　侧面

← 27

← 25

← 20

← 15

← 10

← 5

← 2

1个花样

※第1行从皮革包底的孔上挑96针

包底

皮革包底的孔（48个）

▷ = 加线
► = 剪线

— 图片 ↗ **p.26**、**p.27**

— 单提手小包

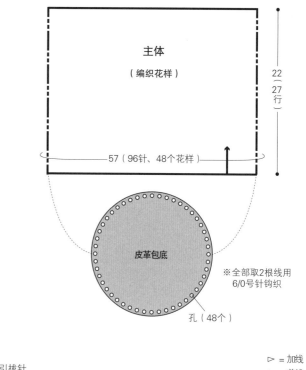

主体
（编织花样）

22（27行）

57（96针、48个花样）

皮革包底

※全部取2根线用
6/0号针钩织

孔（48个）

材料和工具

芭贝 Leafy 自然色（761）125g，和麻纳卡 皮革包底（圆形）（H204-596-2）（直径15.6cm，48个孔）1片，D形环（50mm、金色）1个，钩针6/0号

成品尺寸

周长57cm，深22cm（不含提手）

编织密度

10cm×10cm 面积内：编织花样 8.5 个花样，12.5 行

编织要点

● 全部取 2 根线编织。
● 主体从皮革包底挑针，参照图示钩织 27 行。
● 提手钩 10 针锁针起针，钩织 54 行短针。两侧钩织引拔针。
● D 形环环襻钩织 10 针锁针起针，然后钩织 12 行短针。两侧钩织引拔针。
● 提手和 D 形环环襻参照组合方法组合，用藏针缝的方法固定在主体的指定位置。

▷ = 加线
► = 剪线

引拔针

D形环环襻

8（12行）

编织起点
（10针锁针）
起针

5

引拔针

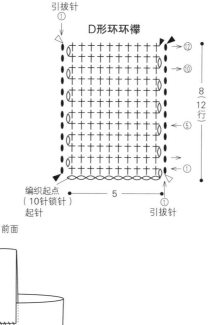

引拔针

提手

36（54行）

编织起点
（10针锁针）
起针

5

引拔针

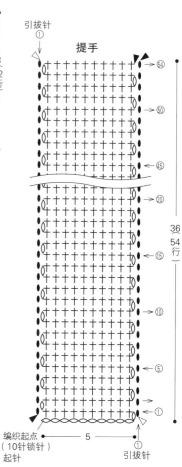

后面

组合方法

前面

提手

D形环环襻

藏针缝

D形环

主体

藏针缝

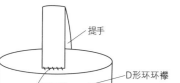

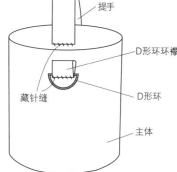

①提手对折，缝在相应位置。

②将D形环穿在环襻上，对折后缝在指定位置。

● 后续编织方法见 p.70

图片 ↗ **p.28、p.29**

千鸟格花样手拿包

材料和工具

MARCHENART Manila hemp yarn 麦秆色
(507)130g、黑色（510）110g，嵌入式提手
（SGM200-G）（11cm×5cm、金色）1组，
钩针 7/0 号

成品尺寸

宽 27cm，深 33cm

编织密度

10cm×10cm 面积内：短针条纹配色花样
18.5 针，12 行

编织要点

● 全部取 2 根线编织。

● 主体留 150cm 长的线头，钩织 100 针锁针
做环形起针。挑起锁针的里山，参照图示
钩织 39 行短针条纹配色花样，第 40 行钩
织引拔针。中途，从第 32 到第 35 行需
要参照图示钩织出提手孔。

● 包底和主体正面相对对齐，用开始留下的线
头挑起编织起点锁针的内侧半针做引拔接
合。

● 在提手位置安装提手（参照 p.42）。

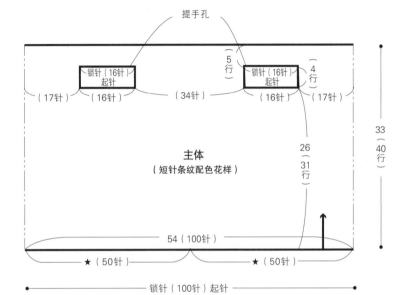

※全部取2根线用7/0号针钩织

组合方法

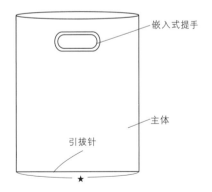

嵌入式提手

主体

引拔针

★

①包底将主体翻过来，正面相对对齐★标记，挑起起针的锁针
内侧1根线，做引拔接合。

②在提手位置安装提手。（参照p.42）

包底引拔位置

挑起起针的锁针内侧1根线，
钩织引拔针

主体

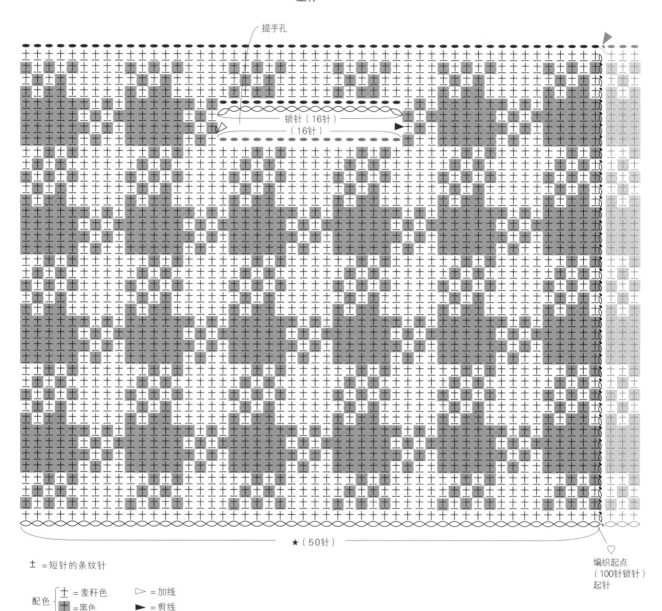

提手孔

锁针（16针）
（16针）

★（50针）

编织起点
（100针锁针）
起针

土 =短针的条纹针

配色 {
土 =麦秆色 ▷ =加线
土 =黑色 ► =剪线
}

短针条纹配色花样的编织方法

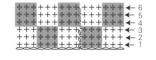

1 在需要换线的前1针短针最后引拔时，换为配色线。

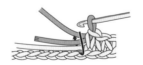
2 一起挑起底色线和配色线的线头，包住钩织。

3 配色线最后引拔时，换为底色线。

4 包住配色线，继续用底色线钩织短针。

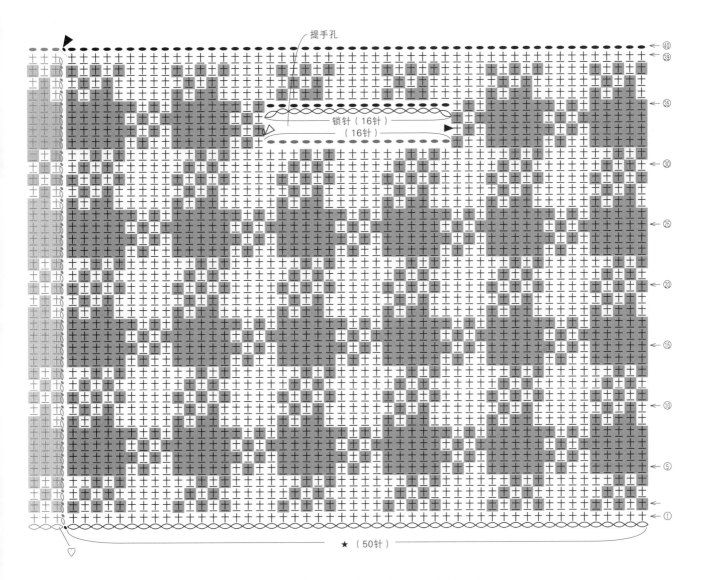

提手孔

锁针（16针）

（16针）

★（50针）

●（第32行）=挑起前一行短针头部后面1根线，钩织引拔针

● 接 p.78

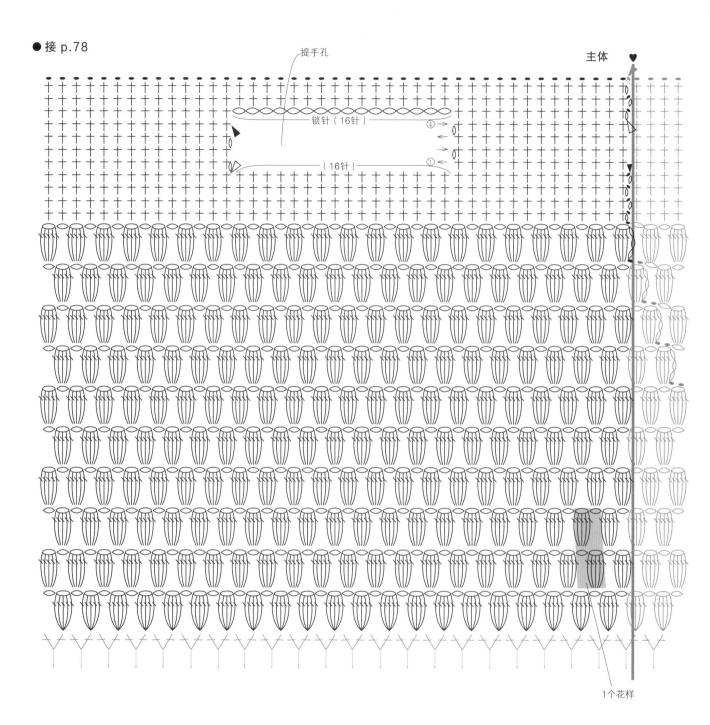

提手孔

主体

锁针（16针）④→

（16针）①→

1个花样

=5针长针的爆米花针（在前一行的针目里挑针）

=5针长针的爆米花针（整段挑针）

▷ =加线

► =剪线

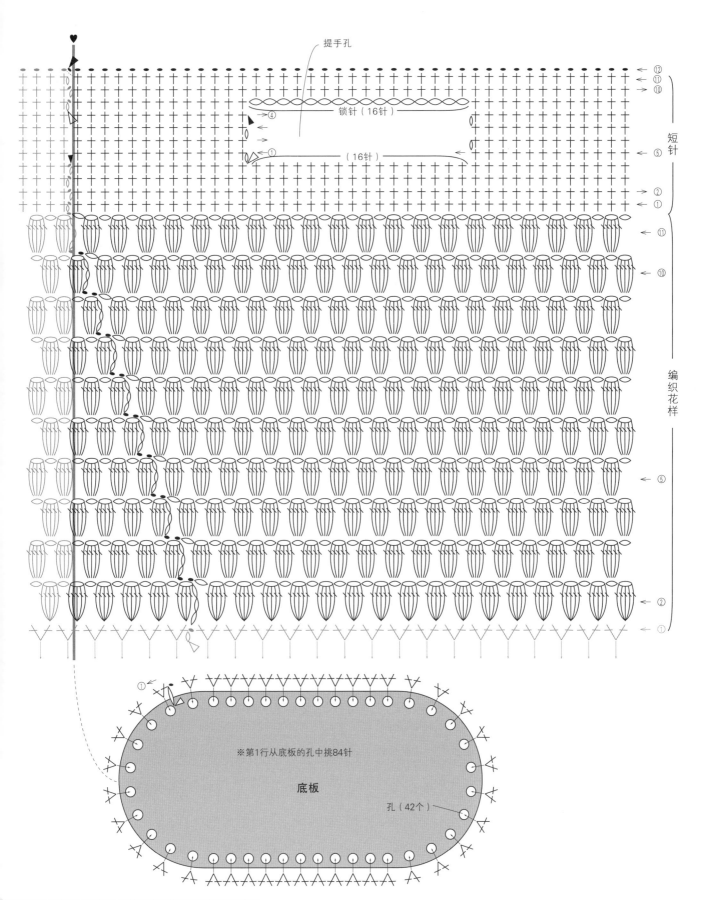

提手孔

锁针（16针）

（16针）

短针

编织花样

※第1行从底板的孔中挑84针

底板

孔（42个）

— 图片 → **p.30、p.31**

— 爆米花针手提包

材料和工具
芭贝 Leafy 自然色 (761)150g，角田商店 嵌入式提手环（D40/椭圆形 大/N）(11cm×5cm、银白色）1 组,和麻纳卡 椭圆形底板（H204-627）（19.8cm×10cm、42 孔）1 块，钩针 6/0 号

成品尺寸
周长 58cm，深 23cm

编织密度
10cm×10cm 面积内：编织花样 14.5 针，7 行
10cm×10cm 面积内：短针 14.5 针，17 行

编织要点
● 全部取 2 根线编织。
● 主体从底板挑针，第 1 行钩织 84 针，然后参照图示钩织 10 行编织花样，同一方向环形编织。用短针钩织出提手孔，做 12 行往返编织。
● 将提手安装在提手孔处。

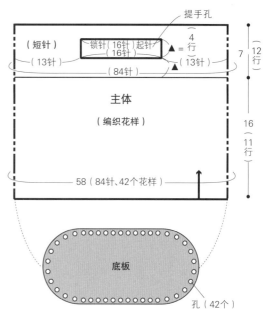

※全部取2根线用6/0号针钩织

组合方法

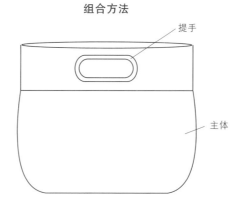

※在提手孔处安装提手（参照p.42）

● 后续编织方法见 p.76

— 图片 → **p.34**、**p.35**

— 方形手拎包

组合方法

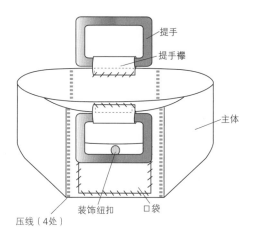

提手
提手襻
主体
压线（4处）
装饰纽扣
口袋

材料和工具

芭贝 Leafy 原白色 (751)170g，底板（18cm×18cm）1 块，INAZUMA 塑料提手（BR-1390）（13cm×10.5cm）1 组，直径 18mm 的装饰纽扣 1 颗，钩针 6/0 号

成品尺寸

包口周长 82cm，深 20cm（不含提手）

编织密度

10cm×10cm 面积内：短针 16.5 针，17.5 行

编织要点

● 除指定以外全部取 2 根线编织。
● 钩织 2 片包底。分别环形起针开始编织，参照图示加针，编织 14 行（参照包底的编织方法）。
● 在 2 片包底中间放入底板，重叠着挑针钩织主体。一边加针，一边钩织 35 行。
● 主体取 2 根线压线（4 处）。
● 口袋钩 23 针锁针起针，钩织 14 行短针。除口袋口外，三边钩织短针。在主体指定位置缝合除口袋口之外的三边。缝上装饰纽扣。
● 提手襻钩织 11 针锁针起针，然后钩织 14 行短针。参照组合方法组合。

① 取 2 根线在主体指定位置压线。
② 口袋在指定位置用藏针缝的方法缝合三边，然后缝上装饰纽扣。
③ 提手襻的一边用卷针缝的方法缝合在主体的最终行。放上提手，用卷针缝的方法缝合在内侧指定位置，注意不要让针脚在正面露出。

※ 全部使用 6/0 号针钩织

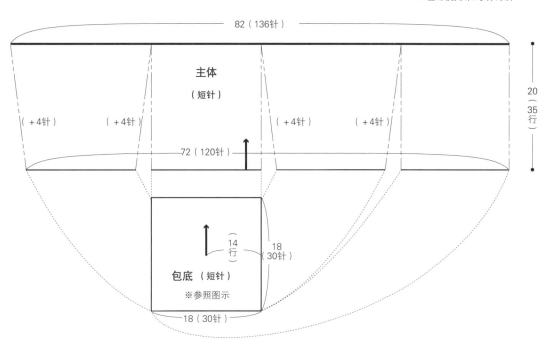

82（136针）

主体
（短针）

（+4针） （+4针） （+4针） （+4针）

72（120针）

20（35行）

14行

18（30针）

包底（短针）
※ 参照图示

18（30针）

主体

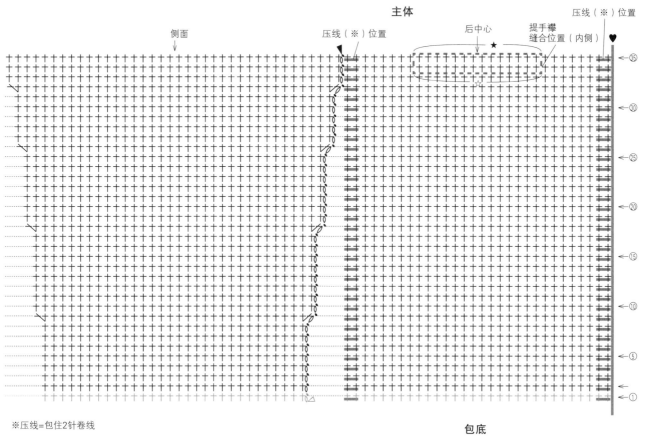

※压线=包住2针卷线

包底针数表

行数	针数	
14行	120针	（+8针）
13行	112针	（+8针）
12行	104针	（+8针）
11行	96针	（+8针）
10行	88针	（+8针）
9行	80针	（+8针）
8行	72针	（+8针）
7行	64针	（+8针）
6行	56针	（+8针）
5行	48针	（+8针）
4行	40针	（+8针）
3行	32针	（+8针）
2行	24针	（+8针）
1行	16针	

▷ ＝加线
► ＝剪线

包底

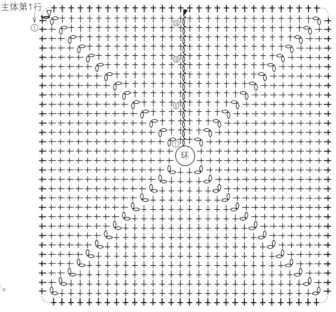

包底的钩织方法

①钩织2片包底。一片取2根线参照图示钩织14行（❶），
另一片取2根线钩织13行，第14行用1根线钩织（❷）。
②将❶和❷反面相对对齐，放上底板，看着❶的正面钩织主体的第1行。

主体

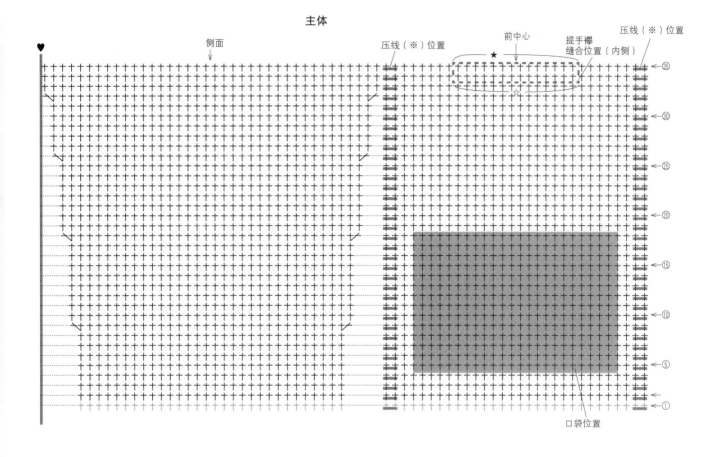

侧面

压线（※）位置

前中心

提手襻
缝合位置（内侧）

压线（※）位置

口袋位置

短针
①

口袋

装饰纽扣位置

提手襻 2片

编织起点
（23针锁针）
起针

编织起点
（11针锁针）
起针

★、☆ = 对齐主体的标记，做卷针缝合

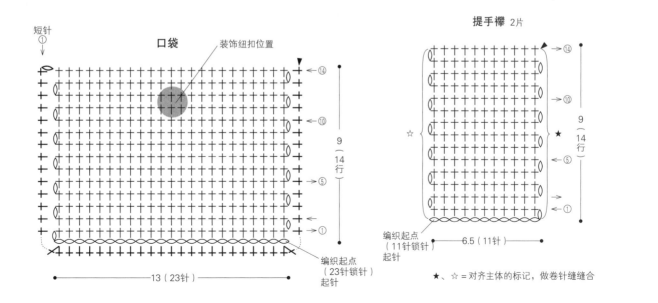

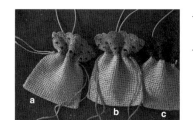

— 图片 ⟶ **p.32、p.33**

— 束口包

材料和工具

a / MARCHENART Manila hemp yarn 麦秆
色 (507)40g、薰衣草色（508）20g

b / MARCHENART Manila hemp yarn 麦秆
色 (507)40g、玫红色（529）20g

c / MARCHENART Manila hemp yarn 麦秆
色 (507)40g、海军蓝色（524）20g

〈 通用 〉孔径 6mm 的止扣（金色）2 个，D
形环（约 14mm 古金色）2 个，直径
3mm 的皮革绳（米色）130cm，钩
针 7/0 号

成品尺寸

宽 19cm，深 24cm

编织密度

10cm × 10cm 面积内：短针 16 针，17.5 行

编织要点

● 主体钩织 30 针锁针起针，挑起锁针的半针
钩织 30 针短针，然后挑起剩余的半针和里
山，呈环形挑 30 针。参照图示钩织 28 行
短针。换线，然后钩织 8 行编织花样。

● 抽绳用 2 根线钩织锁针。

● 参照组合方法进行组合。

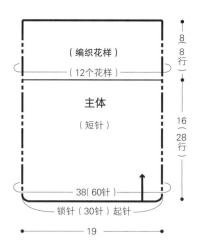

（编织花样）

（12个花样）

主体

（短针）

38(60针)

锁针（30针）起针

8
(8
行)

16
(28
行)

19

※全部使用7/0号针钩织

抽绳 2根

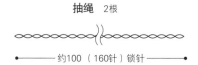

约100 （160针）锁针

组合方法

抽绳的穿法

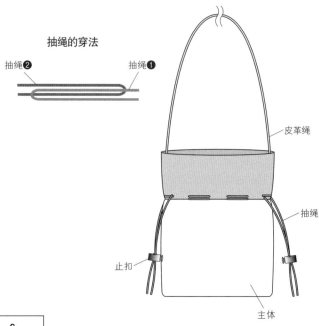

皮革绳

抽绳

止扣

主体

①抽绳①、②分别从两端穿在指定位置，端头穿上止扣。

②D形环缝在主体的指定位置（两处）。

③皮革绳两端连接在D形环上。

配色表

	a	b	c
短针	麦秆色	麦秆色	麦秆色
编织花样、抽绳	薰衣草色	玫红色	海军蓝色

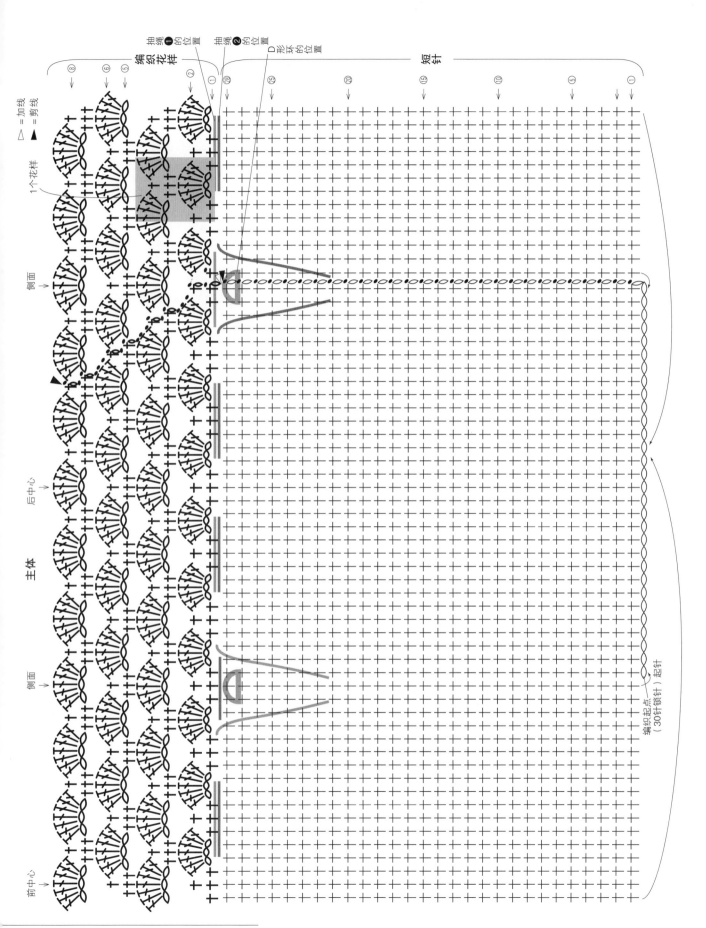

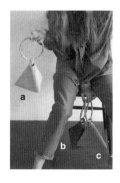

— 图片 → **p.36**、**p.37**

— 三角包

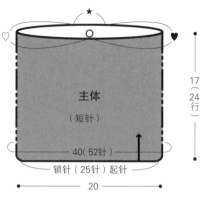

17 (24 行)

主体
（短针）

40(52针)

锁针（25针）起针

20

※全部取2根线用7.5/0号针钩织

材料和工具

a / DARUMA SASAWASHI 金黄色 (16)90g

b / DARUMA SASAWASHI 深棕色 (13)90g

c / DARUMA SASAWASHI 橘红色 (10)90g

〈 通用 〉拉链（16cm）1 条，气眼扣（直径
22mm 金色）1 个，INAZUMA 竹提手
（BB–4）（直径 14.5cm）1 个，钩针
7.5/0 号

成品尺寸 参照图示

编织密度

10cm×10cm 面积内：短针 13 针，14 行

编织要点

● 全部取 2 根线编织。

●主体钩织 25 针锁针起针，挑起锁针的半针和
里山，钩织 25 针短针。转角从同一个地方再
挑起 1 针，然后挑起剩下的半针，钩织 25 针。
采用让立织针目看起来不明显的方法钩织（参
照 p.46），参照图示钩织 24 行短针，同时要
留出气眼扣安装孔。

●参照组合方法，安装上气眼扣和拉链。

●提手襻钩织 12 针锁针起针，穿在气眼扣中，
然后穿上竹提手，做成环形，然后钩织 2 行
短针。

提手襻

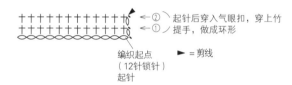

←②／起针后穿入气眼扣，穿上竹
←①／提手，做成环形

编织起点
（12针锁针）
起针

► = 剪线

组合方法

①折成三角锥的形状，熨烫定型。
②在指定位置安装气眼扣。〔参照p.47〕
③在指定位置（♥、♡）缝上拉链。〔参照p.47〕
④提手襻钩织12针锁针，穿入气眼扣，穿上竹提手，做成环形，然后钩织2行短针。

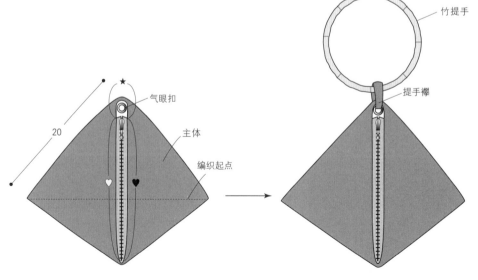

气眼扣

主体

20

编织起点

竹提手

提手襻

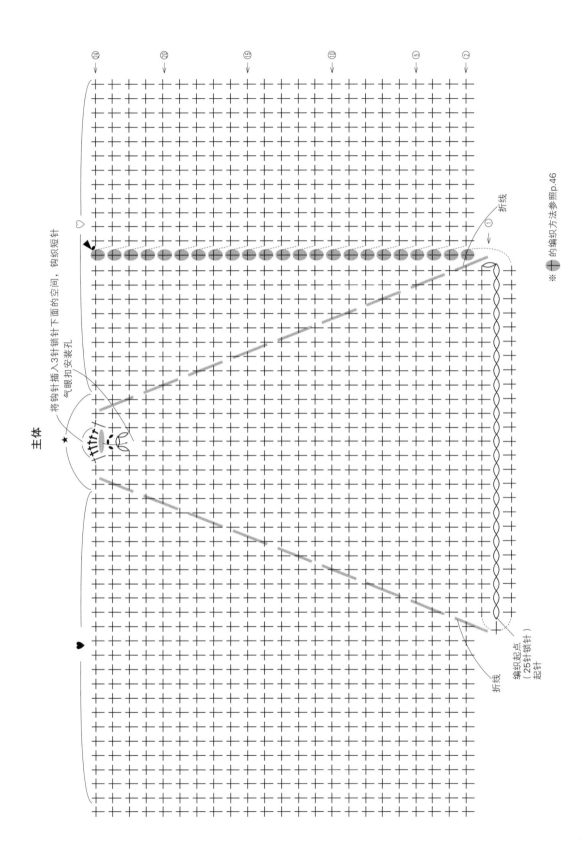

主体

将钩针插入3针锁针下面的空间，钩织短针

气眼扣安装孔

折线

折线

编织起点
（25针锁针）
起针

※ ✛ 的编织方法参照p.46

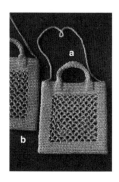

— 图片 ⟶ **p.38**、**p.39**

— 轻巧镂空包

材料和工具
a / 和麻纳卡 ECO ANDARIA 银色 (174)220g
b / 和麻纳卡 ECO ANDARIA 金色 (172)220g
〈 通用 〉钩针 7/0 号

成品尺寸
宽 31cm，深 32cm

编织密度
10cm×10cm 面积内：短针（主体）15 针，14 行

编织要点
● 全部取 2 根线编织。
● 主体钩织 46 针锁针起针，参照图示钩织短针 和编织花样。
● 钩织 2 片主体，正面相对对齐，用卷针缝缝 合除包口之外的三边。将织片翻到正面，在 包口钩织 1 行引拔针。
● 提手钩织 5 针锁针起针，钩织 46 行短针。按 照图示做卷针缝缝合，注意在两端留一段不 缝合。
● 用钩织罗纹绳的方法钩织细绳。
● 将提手和细绳缝在主体的指定位置。

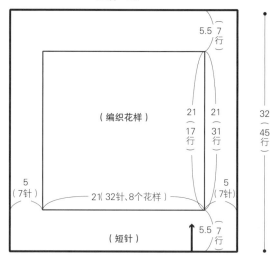

主体 2片

5.5 (7 行)

（编织花样）

21 (17 行) 21 (31 行)

32 (45 行)

5 (7针) 21（32针，8个花样） 5 (7针)

5.5 (7 行)

（短针）

— 31 锁针（46针）起针 —

※全部取2根线使用7/0号针钩织

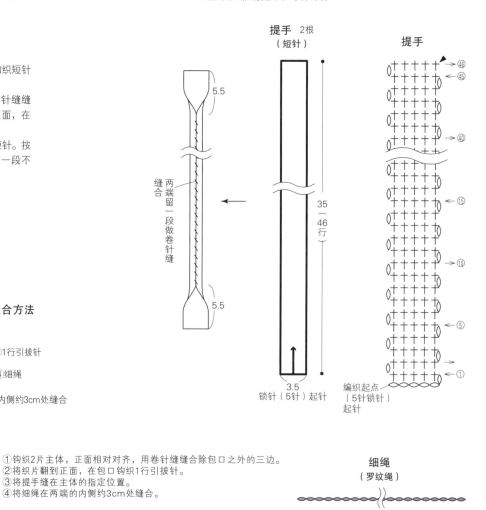

提手 2根
（短针）

5.5

缝合 两端留一段做卷针缝

35 (46 行)

5.5

3.5
锁针（5针）起针

提手

㊻
㊺
㊵
⑮
⑩
⑤
①

编织起点
（5针锁针）
起针

组合方法

③提手
②1行引拔针
④细绳
在内侧约3cm处缝合
包口
主体
①卷针缝

①钩织2片主体，正面相对对齐，用卷针缝缝合除包口之外的三边。
②将织片翻到正面，在包口钩织1行引拔针。
③将提手缝在主体的指定位置。
④将细绳在两端的内侧约3cm处缝合。

细绳
（罗纹绳）

— 85（128针）—

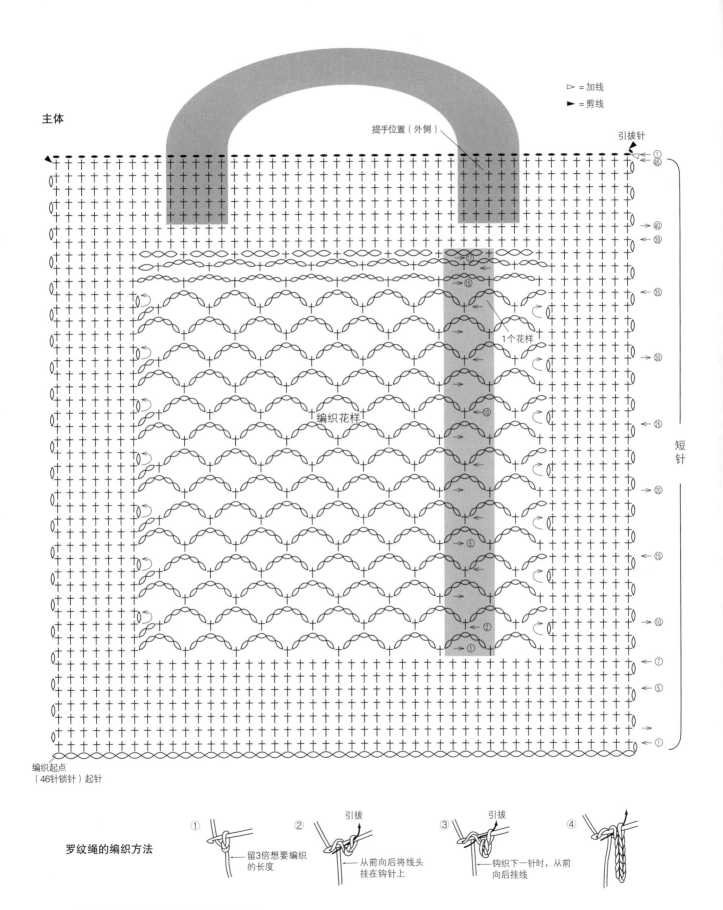

主体

▷ =加线
► =剪线

提手位置（外侧）

引拔针

1个花样

编织花样

短针

编织起点
（46针锁针）起针

罗纹绳的编织方法

① ——留3倍想要编织
的长度

② 引拔 ——从前向后将线头
挂在钩针上

③ 引拔 ——钩织下一针时，从前
向后挂线

④

— 图片 ⟶ **p.40**

— 手机包

材料和工具
芭贝 Leafy 自然色 (761)25g，链条（100cm
两端带龙虾扣）1 条，D 形环（14mm 金色）
2 个，直径 14mm 的磁扣 1 组，直径 18mm
的装饰纽扣 1 颗，钩针 6/0 号

成品尺寸
宽 11cm，深 18cm

编织密度
10cm × 10cm 面积内：短针 16.5 针，15 行
10cm × 10cm 面积内：编织花样 8 个花样，
11.5 行

编织要点
● 全部取 2 根线编织。
● 主体钩织 18 针锁针起针，从锁针的半针和
里山挑起 18 针，然后从剩下的半针锁针上
挑 18 针，钩织 6 行短针。钩织 13 行编织
花样，钩织 4 行短针，环形钩织。
● D 形环、磁扣缝在内侧指定位置，装饰纽
扣缝在外侧指定位置。
● 把链条上的龙虾扣扣在 D 形环上。

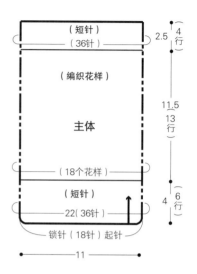

（短针）
（36针）　　2.5 ｛ 4 行

（编织花样）

11.5 ｛ 13 行

主体

（18个花样）

（短针）

22（36针）　　4 ｛ 6 行

锁针（18针）起针

11

※全部取2根线用6/0号针钩织

组合方法

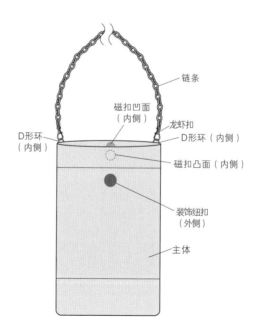

链条

磁扣凹面
（内侧）

龙虾扣

D形环
（内侧）

D形环（内侧）

磁扣凸面（内侧）

装饰纽扣
（外侧）

主体

①D形环、磁扣缝在内侧指定位置，装饰纽扣缝在外侧指定位置。
②把链条上的龙虾扣扣在D形环上。

主体　　　　　► = 剪线

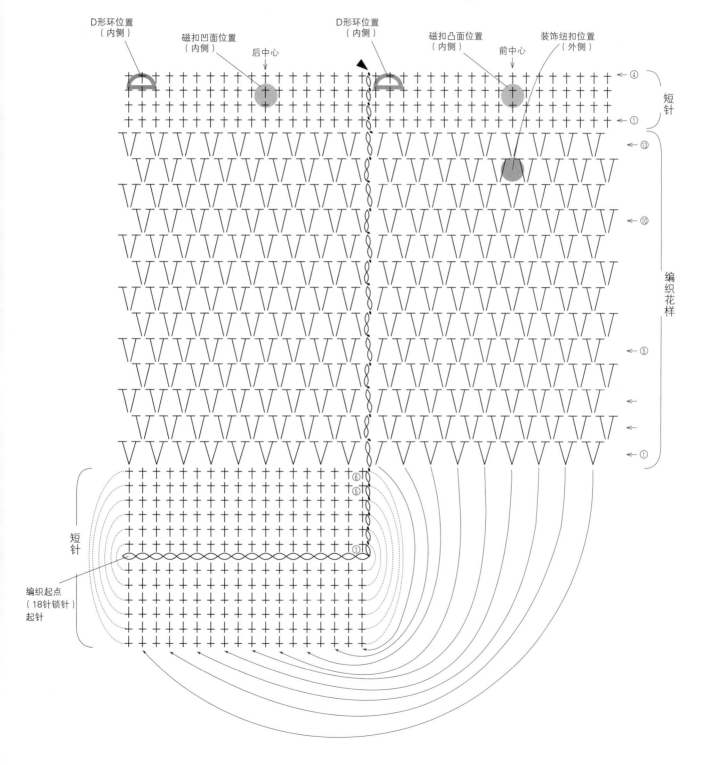

D形环位置
（内侧）

磁扣凹面位置
（内侧）

后中心

D形环位置
（内侧）

磁扣凸面位置
（内侧）

前中心

装饰纽扣位置
（外侧）

← ④
短针
← ①

← ⑬

← ⑩
编织花样
← ⑤

←
←
← ①

⑥
⑤

①

短针

编织起点
（18针锁针）
起针

编织基础

钩针编织

● 锁针

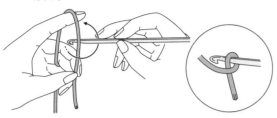

1 将钩针放在线的后面，如图所示转动钩针把线绕在针上。

2 用左手拇指和中指捏住线圈交叉处，如图所示转动钩针将线钩住。

用拇指和中指捏住

3 将线从挂在针上的线圈中拉出。

4 将线拉紧。这是端头的针目，不计入针数。

拉紧

5 如图所示，转动钩针把线挂在钩针上。

6 将线从挂在钩针上的线圈中拉出。

7 1针锁针 完成了1针锁针。后面重复步骤5、6，钩织所需要的针数。

● 锁针起针和挑针的方法

正面行

反面行

锁针的里山

锁针有正面和反面的区别

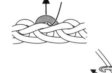

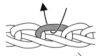

挑起锁针的里山

挑起锁针的半针和里山

挑起锁针的半针

这是常见的挑针方法，留下来的锁针正面看起来非常美观。如果没有特别说明，本书均使用此种挑针方法。

因为挑起了2根线，所以针目也很稳定。比较适合用于镂空花样以及细线钩织的情况。

这种挑针不是很稳定，针目很容易拉伸。适合想拉伸起针针目，或者从起针两侧挑针的情况。

● 锁针环形起针

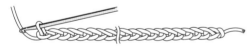

1 钩织所需数量的锁针。

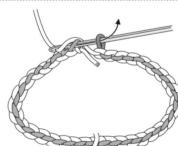

2 注意不要让锁针扭转，挑取第1针锁针的里山，挂线并引拔出。锁针连成了环形。

● 手指环形起针

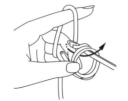

1 将线在食指上缠绕2圈。

2 用手指捏住线圈交点，然后插入钩针，挂线并拉出。

3 再次挂线并拉出。

4 环形起针编织起点的1针完成了，这一针不计入针数。

5 第1行编好后，拉动线头，将线圈（★）收紧。

线头

● 引拔针

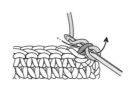
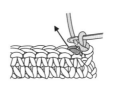
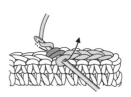

1 将钩针插入前一行针目头部的2根线。

2 挂线并按照箭头所示引拔出。

3 同样插入前一行相邻针目的头部，挂线并引拔出。

4 按照相同的要领继续钩织。

十 短针

※步骤**2**、**3**尽量将线向左拉，注意不要让针目向右扭转，纵线编织均匀的短针

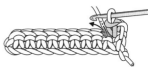

立织1针锁针

1 将钩针插入前一行针目头部。

2 钩针挂线并拉出。

3 钩针再次挂线，从钩针上的2个线圈中一次性引拔出。

4 短针完成了。重复步骤1~3。

丁 中长针

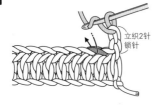
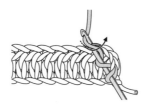
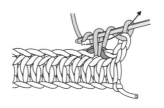
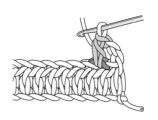

立织2针锁针

1 钩针挂线，然后将钩针插入锁针的里山。

2 钩针挂线并按照箭头所示拉出。

3 钩针再次挂线，从挂在钩针上的3个线圈中一次性引拔出。

4 中长针织好了。重复步骤1~3。

下 长针

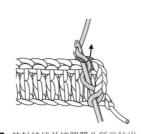
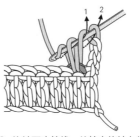
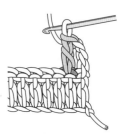

立织3针锁针

1 钩针挂线，然后将钩针插入锁针的里山。

2 钩针挂线并按照箭头所示拉出。

3 钩针再次挂线，从挂在钩针上的2个线圈中依次引拔。

4 长针织好了。重复步骤1~3。

⋀ 2针短针并1针

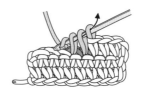

1 如图所示将钩针插入前一行针目的头部2根线中，挂线并拉出。（未完成的短针）

2 从前一行的针目中入针，挂线并拉出。（未完成的短针）

3 钩针挂线，从挂在钩针上的3个线圈中一次性引拔出。

4 2针短针并1针完成了。

2针长针并1针

1 钩1针未完成的长针，然后在钩针上挂线，在相邻针目里插入钩针，钩织未完成的长针。

2 钩针再次挂线，从钩针上挂的3个线圈中一次性引拔出。

3 2针长针并1针完成。

1针放2针短针

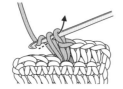

1 在前一行的针目里，钩织1针短针，再在同一个针目里插入钩针。

2 挂线并拉出，钩织短针。

3 在前一行的1个针目里钩入了2针短针。

1针放3针短针

1 在前一行的针目里钩织2针短针，在同一个针目里插入钩针。

2 挂线并拉出，钩织短针。在前一行的1个针目里钩入了3针短针。

十 短针的条纹针（环形编织）

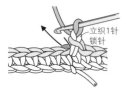
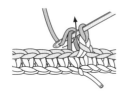
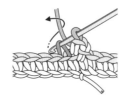

1 在前一行针目头部的后面1根线里插入钩针。

2 挂线并拉出，钩织短针。

3 后面每一行都在前一行针目头部的后面1根线里插入钩针钩织短针。

5针长针的爆米花针（在前一行的针目里挑针）

在前一行的1针中钩织5针长针。然后抽出钩针，插入第1针长针的头部，将刚才的针目拉出。

5针长针的爆米花针（整段挑针）

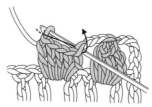

1 将钩针插入锁针的下方，钩织5针长针。

2 然后取下钩针，从织片前面插入第1针长针的头部和休针的第5针，如箭头所示将针目拉出。

3 钩针挂线，钩织1针锁针使针目收紧。

4 5针长针的爆米花针完成。

✕ 变化的1针长针交叉（右上） 编织符号断开的针目在下方交叉

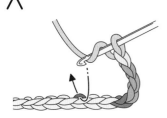  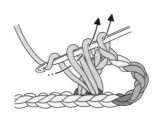 

1 钩针挂线，跳过2针，将钩针插入锁针的里山，钩织长针。

2 钩针挂线，如箭头所示从前面将钩针插入右边锁针的里山，挂线并拉出。

3 钩针挂线，并依次从钩针上的2个线圈中引拔。钩织长针。右边的长针在上方交叉。

4 变化的1针长针交叉（右上）完成。

● 卷针缝缝合（针与针）

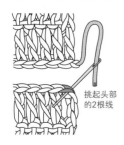 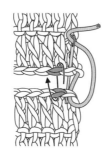 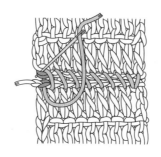

挑起头部的2根线

1 将2片织片正面对齐，先将毛线缝针插入下方织片锁针的头部。

2 交错着将毛线缝针插入2个织片，将线拉出。

3 拉线时注意不要影响到花片整体的形状，均匀地拉出。

● 卷针缝缝合（行与行）

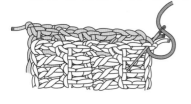 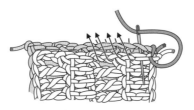 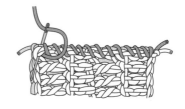

1 将2片织片正面相对并列放置，先将毛线缝针插入下方织片起针行的锁针中。

2 总是从同一个方向插入毛线缝针，做卷针缝缝合。

3 缝合终点把毛线缝针插入同一个地方1~2次，在织片反面处理线头。

● 引拔接合

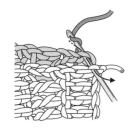 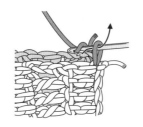 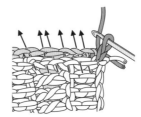 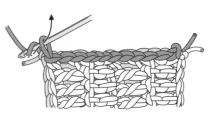

1 将2片织片正面相对对齐，按照图示插入钩针，挂线并拉出。

2 挂线并引拔出。

3 按照图示分开端头的针目并插入钩针，钩织引拔针。钩针依次插入箭头位置。

4 一边使整体保持均匀，一边根据针目的高度调整引拔针的针数。

棒针编织

● 从锁针起针上挑针（参照p.90用锁针起针）

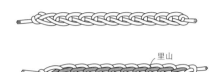

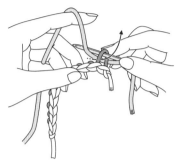
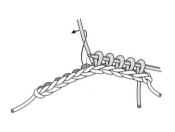

如箭头所示插入棒针

里山

1 锁针有正面和反面的区别。找出锁针的里山。

2 将棒针插入锁针最后一针的里山，挂线并拉出。使用共线编织时，不需要剪线，直接换为棒针开始从里山挑针编织（共线锁针起针）。

3 从锁针的里山逐针挑针编织。棒针上挂的线圈，就是第1行。

⬬ 伏针（右侧、下针）

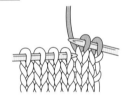
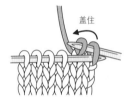
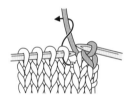

盖住

1 端头2针编织下针。

2 用第1针盖住第2针。

3 下一针编织下针，盖住先前编织的针目。重复此操作。

▏ 下针

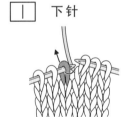
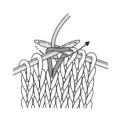
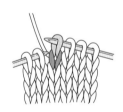

1 编织线放在左棒针的后面，从针目的前面插入右棒针。

2 挂线并按照图示拉出。

3 下针完成。

▭ 上针

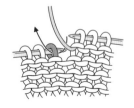

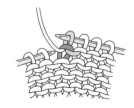

1 编织线放在左棒针的前面，从针目的后面插入右棒针。

2 挂线并按照图示拉出。

3 上针完成。

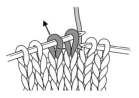 **右上1针交叉**

1 将线放在织片后面，如箭头所示，经过右边针目的后面，从左边针目的前面插入右棒针。

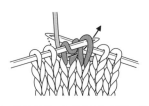

2 钩针挂线，如箭头所示拉出，编织下针。

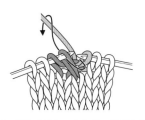

3 保持此状态，右边针目挂线并拉出，编织下针。

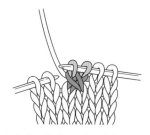

4 将编织结束的2针从左棒针上取下，右上1针交叉完成。

 左上1针交叉

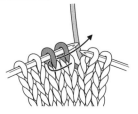

1 将线放在织片后面，如箭头所示，从左边针目的前面插入右棒针。

2 挂线，如箭头所示拉出，编织下针。

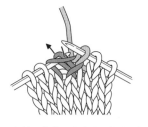

3 保持此状态，右边针目挂线并拉出，编织下针。

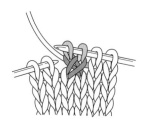

4 将编织结束的2针从左棒针上取下，左上1针交叉完成。

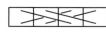 **右上2针交叉**

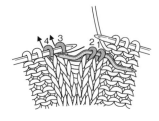

1 将右边的2针移至麻花针上，放在织片前面休针。针目3、4编织下针。

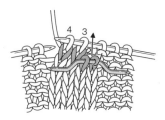

2 将右棒针插入第1针，编织下针。

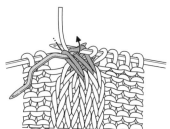

3 第2针也编织下针。

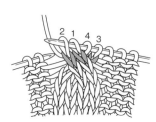

4 右上2针交叉完成。

 左上2针交叉

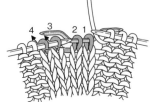

1 将右边的2针移至麻花针上，放在织片后面休针。

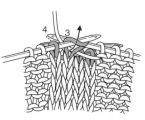

2 针目3编织下针。

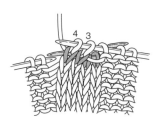

3 针目4编织下针。

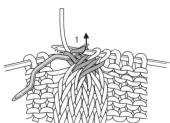

4 针目1编织下针。

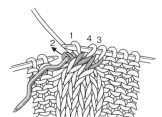

5 针目2编织下针。

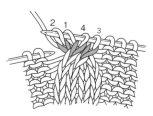

6 左上2针交叉完成。

BEYOND THE REEF BAG STYLE（NV70582）

Copyright ©BEYOND THE REEF / NIHON VOGUE-SHA 2020 All rights reserved.

Photographers: Keiichi Sutou, Shinnosuke Souma, Yukari Shirai

Original Japanese edition published in Japan by NIHON VOGUE Corp.,

Simplified Chinese translation rights arranged with BEIJING BAOKU INTERNATIONAL CULTURAL DEVELOPMENT Co., Ltd.

备案号：豫著许可备字-2020-A-01900

图书在版编目（CIP）数据

人气品牌包包钩编. 1 /（日）BEYOND THE REEF著；如鱼得水译. —郑州：河南
科学技术出版社, 2022.10

ISBN 978-7-5725-0987-2

Ⅰ.①人… Ⅱ.①B…②如… Ⅲ.①包袋-钩针-编织-图集 Ⅳ.①TS935.521-64

中国版本图书馆CIP数据核字（2022）第161388号

出版发行：河南科学技术出版社

地址：郑州市郑东新区祥盛街27号　邮编：450016

电话：（0371）65737028　　65788613

网址：www.hnstp.cn

责任编辑：刘 欣 刘 瑞

责任校对：王晓红

封面设计：张 伟

责任印制：宋 瑞

印　刷：北京盛通印刷股份有限公司

经　销：全国新华书店

开　本：889 mm×1 194 mm　1/16　印张：6　字数：190千字

版　次：2022年10月第1版　　2022年10月第1次印刷

定　价：49.00元

如发现印、装质量问题，影响阅读，请与出版社联系并调换。